中长期径流预报调度及不确定性分析研究

肖章玲　梁忠民　王　健
张明进　朱玉德　邢　岩　◎著

河海大学出版社
HOHAI UNIVERSITY PRESS
·南京·

图书在版编目(CIP)数据

中长期径流预报调度及不确定性分析研究 / 肖章玲等著. -- 南京 : 河海大学出版社, 2024. 11. -- ISBN 978-7-5630-9430-1

Ⅰ. P338

中国国家版本馆 CIP 数据核字第 2024R0Y887 号

书　　名　中长期径流预报调度及不确定性分析研究
ZHONGCHANGQI JINGLIU YUBAO DIAODU JI BUQUEDINGXING FENXI YANJIU
书　　号　ISBN 978-7-5630-9430-1
责任编辑　高晓珍
特约校对　曹　丽
装帧设计　徐娟娟
出版发行　河海大学出版社
地　　址　南京市西康路 1 号(邮编:210098)
网　　址　http://www.hhup.com
电　　话　(025)83737852(总编室)　(025)83722833(营销部)
经　　销　江苏省新华发行集团有限公司
排　　版　南京布克文化发展有限公司
印　　刷　广东虎彩云印刷有限公司
开　　本　787 毫米×1092 毫米　1/16
印　　张　11
字　　数　208 千字
版　　次　2024 年 11 月第 1 版
印　　次　2024 年 11 月第 1 次印刷
定　　价　78.00 元

前言

作为重要的绿色低碳能源之一，水电能源在我国获得了广泛关注。在不增加工程投资的前提下，利用准确可靠的径流预报信息对流域已建的水库群进行科学合理的调度，是促进电力增发、提升水资源利用效率的重要途径。其中，旬月尺度的中长期径流预测与水库群联合调度，对于长期发电计划编制、防汛抗旱工作以及流域水资源管理具有重要意义。

要实现水库群联合优化调度，需要准确的中长期径流预测信息。相较于短期洪水预报，旬月尺度的中长期径流预测问题，随着预见期的增长，影响因素众多，预报结果的不确定性变大。因此在研究与应用中，一般是以数理统计或数据驱动类方法为主。如何将数据驱动类方法与考虑径流形成机制的水文模型方法相耦合，并利用预见期内的气象预报信息提升径流预测精度，是当前中长期水文预报领域的研究热点。随着水库系统规模扩大及其管理要求的提高，水库群调度逐渐向多目标优化调度发展，加之水库群规模扩增，调度模型的求解难度增加，对多目标优化求解算法提出了更高的要求。此外，由于中长期径流预报的不确定性，对水库群调度及决策带来了诸多风险，使得水库系统的调度效益难以充分发挥。针对上述问题，本书以雅砻江下游梯级水库群为例，开展中长期径流预报、梯级水库群多目标优化调度、径流预报不确定性下的调度风险分析及多属性决策研究。

雅砻江发源于青海省巴颜喀拉山，自西北向东南流，东西两侧分别与大渡河、金沙江上游和中游相邻，北与黄河上游分界。雅砻江流域总面积约 13.6 万 km^2，干流全长 1 571 km，天然落差 3 830 m，是金沙江最大的支流。雅砻江流域径流丰沛，水能资源蕴藏量极其丰富。目前干流共规划了 22 级水电站，总装机容量约3 000 万 kW，年发电量约 1 500 亿 kW·h，产生了巨大的电力效益。流域下游共建设了 5 个梯级水电站：锦屏一级、锦屏二级、官地、二滩、桐子林。其中锦屏二级水电站利用大河湾的天然落差，截弯取直开挖隧洞引水，在其引水闸址猫猫滩与发电厂址大水沟之间形成了长达 119 km 的减水河段，对下游河道天然水流情势和水生生态造成影响。为了实现流域生态可持续发展，保障生态环境健康，本书在探讨梯级水库调度过程中统筹考虑了经济目标与生态目标。本书主要的创新性成果包括：(1) 提出了基于“量-型”耦合相似的多维混沌预测方法，将多源数据相似性度量融入多维混沌相空间重构，提升了中长期径流预测精度；(2) 建立了基于多策略融合的多目标蝴蝶优化算法，通过改进种群初始化、算法参数、进化方程和变异策略，提高了水库群多目标优化调度模型的求解效率；(3) 构建了预报不确定性下的水库群多属性决策方法，充分利用风险均值和区间数信息，实现调度方案多属性决策。

全书共分为五章。第一章介绍了本书的研究背景和意义、相关研究进展、主要研究内容及研究区概况；第二章提出了基于多维混沌相似的中长期径流预报方法；第三章研究了基于多策略融合的多目标蝴蝶优化算法；第四章开展了雅砻江下游梯级水库群多目标优化调度；第五章分析了径流预报不确定性下的梯级水库群调度风险并开展了多属性决策研究。本书前言由梁忠民、肖章玲执笔，第一章由梁忠民、肖章玲执笔，第二章由肖章玲、王健执笔，第三章由王健、张明进执笔，第四章由肖章玲、邢岩执笔，第五章由王健、朱玉德执笔。全书由肖章玲负责统稿与校核。

本书的编写和出版，得到了国家重点研发计划“跨流域运河环境低影响建设技术”(2023YFB2604700)、广西重点研发计划(桂科 AB22035084)、中央级公益性科研院所基本科研业务费资助项目(TKS20240604)的资助。河海大学出版社也对本书的顺利出版给予了大量帮助。作者在此致以衷心的感谢。

本书在编写过程中参阅了大量的国内外研究文献，由于资料庞杂，难免存在疏漏之处，在此深表感激，一并致谢。同时，由于作者水平有限，书中不妥之处，恳请读者批评指正。

作　者

2024 年 10 月

目录

第一章

绪论

1.1　研究背景及意义

我国疆域辽阔、江河众多，径流丰沛、落差巨大，蕴藏着非常丰富的水能资源。根据2005年发布的《全国水力资源复查成果》，我国大陆水力资源理论蕴藏量在1万kW及以上的河流有3 886条，理论蕴藏量年发电量为60 829亿kW·h；技术可开发装机容量54 164万kW，年发电量24 740亿kW·h；经济可开发装机容量40 180万kW，年发电量17 534亿kW·h[1]。水电是技术成熟、启闭灵活、清洁无污染的可再生能源，对促进国民经济发展、减少碳排放具有重要意义。近年来，我国进行了大规模的水电能源开发，已形成了长江上游、金沙江、澜沧江干流、雅砻江、大渡河、怒江、黄河上游、南盘江红水河、东北三省诸河、湘西诸河、乌江、闽浙赣诸河和黄河北干流等十三大水电基地，流域水资源统一调度格局已经初步形成。为了充分发挥流域水资源利用综合效益，需要开展径流预测和水库群联合调度研究。准确的径流预测是实现水库群联合调度的前提条件，科学合理的水库群联合调度则可以充分利用来水和各水库的调节能力，减少无益弃水，增加发电效益，实现水库群综合效益最大化。其中，旬月尺度的中长期径流预测与水库群联合调度，对于水资源高效利用和防汛抗旱工作具有重要意义[2]。

中长期径流预测及水库群联合调度一直是水文水资源领域的热点问题。要实现水库群联合优化调度，需要准确的中长期径流预测信息。相较于短期洪水预报，旬月尺度的中长期径流预测问题，随着预见期的增长，影响因素众多，预报结果的不确定性变大。所以在研究与应用中，一般是以数理统计或数据驱动类方法为主。如何将数据驱动类方法与考虑径流形成机制的水文模型方法相耦合，并利用预见期内的气象预报信息提升径流预测精度，是当前中长期水文预报领域的研究热点[3]。随着水库系统规模扩大及其管理要求的提高，水库群调度逐渐向多目标优化调度发展，需要综合考虑防洪、发电、生态等多方面效益。水库群多目标优化调度是当前水库调度研究中的重点，主要包括多目标优化求解和多属性决策两部分。一方面，多目标优化算法是求解水库群多目标优化调度的关键技术，但由于水库规模和优化目标的增加，决策空间维数急剧增长，目标空间呈现出复杂非凸特性，加之各种约束条件限制压缩了可行域空间，高效求解水库群多目标优化问题依然面临挑战[4]。另一方面，多属性决策通过解析水库群防洪、发电、生态等各目标之间的互馈关系，实现多目标优化调度方案优劣排序，为实际水资源管理工作提供科学依据。但由于径流预报的不确定性，水库的实际来水过程与预报来水过程往往存在误差，给水库调度多属性决策过程带来了诸多风险因素，不利于库群系统的稳定运行，因此预报不确定性条件下的水库群多属性决策也是研究的热点问题[5]。

在此背景下，本书围绕中长期径流预报调度及不确定性分析等问题，以雅砻江流域梯级水库群为研究对象，重点开展了以下三方面的研究：(1) 建立考虑径流形成机制的中长期径流预测模型，增强预测模型的物理基础，提高中长期径流预报精度；(2) 构建新型多目标进化算法，为水库群多目标优化调度模型高效求解提供技术支持；(3) 分析径流预报不确定性下的梯级水库群调度风险，并在此基础上建立水库群多属性决策模型，为实现流域水资源决策管理提供科学参考。

1.2 国内外研究进展

考虑到本书的研究重点，本节就中长期径流预报、水库群优化调度、预报调度不确定性、多属性决策等展开研究，相关研究进展如下。

1.2.1 中长期径流预报

中长期径流预报是中期径流预报和长期径流预报的合称，通常中期径流预报的预见期为3～15天，长期径流预报的预见期为15天～1年[6]。由于中长期径流预报的影响因素较多，预报的不确定性较大，因此一直以来都是水文预报领域的难点。中长期径流预报方法一般可分为过程驱动和数据驱动两大类。前者以未来数值天气预报产品与水文模型为基础，利用水文模型对流域的模拟能力，对未来一段时间内的径流进行预报。后者则不直接考虑水文过程的物理机制，也不刻画产汇流等环节的精细过程，而是基于历史观测资料直接建立预报因子与流域水文响应之间的统计关系，对未来较长时间尺度内的径流进行预报。两类预报途径各有优劣，过程驱动模型的物理基础较强，但需要确定诸多模型参数，对数据的要求较高。数据驱动模型通过从历史数据中发现隐含的降雨径流因果关系或水文规律，建模简单，使用方便，在中长期径流预报中具有广泛应用；但这类途径对径流形成机理的考虑不足，受数据质量影响较大，模型可解释性不强。目前中长期径流预报尚处于发展阶段，主要体现在中长期径流过程成因不明、预报结果不确定性较大等方面，导致预报精度滞后于生产实际的需求[7]。

过程驱动模型采用气象预报或短期气候预测数据驱动流域水文模型，物理机制体现在水文模型上，其预报精度和预见期主要取决于气象或气候预测产品。近年来，过程驱动模型在中长期径流预报中已取得了丰富的研究成果。早在1999年，Yu等[8]在萨斯奎汉纳(Susquehanna)流域的径流预报上，利用中尺度数值天气预报模式 MM5 进行天气要素的预报,并以此驱动水文模型系统(HMS),构建了 MM5/HMS 双向耦合预报系统,结果表明该模型具有较好的径流模拟能力。Anderson 等[9]利用中尺度数值天气预报模式 MM5 对 Eta 模型预报结果进行降尺度处理,作为 HEC-HMS 水文模型的输入应用于水库入库流量预报。Bravo 等[10]在定量降雨预报的基础上对比了多层回馈人工神经网络模型和分布式水文模型在中期径流预报中的应用效果,最长预见期为 12 天,结果表明在较长预见期下水文模型比人工神经网络模型的表现更好,且相较而言人工神经网络模型对降雨预报误差不太敏感。周惠成等[11]分析了雅砻江流域全球预报系统(GFS)未来 10 天预报降雨总量分级预报精度,研究 GFS 降雨预报在汛期旬径流预报的应用效果,该方法相对于自回归移动平均(ARMA)类预报模型的精度有一定提高,可以提供较好的定性预报信息。管晓祥等[12]通过尺度转换和气象要素联结实现全球环境多尺度模型(GEM)和 GFS 两种数值天气模式与新安江模型的单向耦合,开展了中期径流预报。研究发现降水误差在水文模型中会有放大的效应,一定程度上增加了中期径流预报的不确定性。Rudisill 等[13]采用 WRF-Hydro 模型对四条以冰雪融水为主的山区河流 20 年的径流过程进行模拟研究。基于欧洲中期天气预报中心(ECMWF)产品的研究表明[14-15],径流预报效果存在区域性和季节性差异,且当预见期超过一个月时,预报精度明显下降。目前应用较广的气候预测系统主要有 ECMWF 的 ENSEMBLES,美国国家环境预报中心(NCEP)的 CFSv2,以及国内中国科学院大气物理研究所的 IAPDCP-II 和国家气候中心的 BCC_AGCM 2.2 等。在空间方面,由于数值天气/气候模式和水文模型之间耦合存在空间尺度不匹配的问题,需要进一步提高气候模式的空间分辨率,或者通过降尺度技术将气候模式产品数据尺度降到与水文模型相匹配的分辨率上。在时间方面,目前数值天气预报模式提供的降雨预报结果预见期有限(通常在数日至周尺度上较为准确),无法提供可靠的旬、月、季、年尺度下的降雨预报。另外,由于大气系统的高度非线性,加之预报模型及模型输入等不确定性因素的存在,使得数值天气/气候预报成果不可避免地存在误差和较大不确定性。因此,基于过程驱动途径的中长期水文预测方法仍面临挑战。

数据驱动模型从大量历史水文数据中挖掘隐含映射关系来进行中长期径流预测,从研究方法上可以分为:(1) 时间序列分析法,如自回归模型[16-17]、混沌理论[18-19]、灰色预测[20-21]等,其核心是从预报变量本身分析时间演变规律进行预报;(2) 因子分析法,如神经网络模型[22-23]、支持向量机模型[24-25]、长短期记忆网络[26-27]等,其核心是挖掘和构建预报因子与预报变量之间的数量关系[28]。时间序列分析法的优点在于所需数据较少，适用性强，缺点在于没有融合径流成因信息。很多学者提出组合预报方法，采用小波分解[29-30]、相空间重构[31-32]、经验正交分解[33-34]等方法进行序列分解或重构，在此基础上结合随机森林、多元回归等多因子统计模型进行中长期径流预报。如 Huang 等[35]提出了改进的经验模态分解法，将其与支持向量机结合，在渭河流域进行了月径流预报，取得了较高的预报精度。孙娜等[36]利用小波分析分解序列，基于反向传播(BP)神经网络和广义回归(GRNN)神经网络，建立了两种小波神经网络耦合模型，并在金沙江流域向家坝水文站开展月径流预测，应用结果表明耦合模型较传统的 BP 和 GRNN 模型表现更优。随着大数据分析技术的发展与水文监测资料的累积，时间序列统计方法逐渐向人工智能、深度学习等方法转变。刘勇等[37]考虑大气环流因子、海温因子等气象物理信息及前期水文信息，利用主成分分析法提取关键预报因子，建立了丹江口水库秋汛期月径流预报模型。Mehdizadeh 等[38]比较了混合时间序列模型(AR-ARCH 和 MA-ARCH)与人工智能模型(MARS 和 GEP)在月径流预报上的应用效果。包苑村等[39]提出一种基于变分模态分解与卷积-长短时记忆神经网络相融合的月径流预报模型，并在渭河流域张家山站和魏家堡站开展了应用研究，取得了较好的预测效果。胡义明等[40]从 130 项气象-气候因子及前期降雨/流量中筛选出预报因子，采用 AdaBoost 模型、随机森林模型和支持向量机模型对淮河流域王家坝和蚌埠站建立了月径流预报模型，均取得了较好的预报效果。Shu 等[41]从大气环流因子、降雨及前期径流中提取预报因子，讨论了卷积神经网络(CNN)、人工神经网络(ANN)和极限学习机(ELM)在月径流预报中的应用效果。在桓仁水库及向家坝水电站的应用结果表明，CNN 具有较高且更稳定的预测精度。文献[42]指出，大数据时代的到来促进了数据密集型科学研究范式的发展。人们通过观测所获得的自然现象的时空变化数据，实际上就是描述其时空变化规律的微分方程在一定初始条件和边界条件下的解。从这些水文实测数据(解)出发，可以逐步了解水文要素的时空变化规律，从而对其未来发展情势进行预报。随着水文观测数据的种类和规模不断增长，其潜在的应用价值不断凸显，而一大批现代智能方法的出现，是发展中长期径流预报理论与方法、突破中长期径流预报技术瓶颈的关键课题。

1.2.2 水库群优化调度

水库可以通过蓄、放水的方式对天然径流进行调节。水库调度则利用水库对径流的调节能力，根据水利工程自身的工况和水文预报成果，有目的地对来水进行蓄放，按照保障水利工程自身和下游防护安全以及综合利用水资源的原则进行调度，从而达到防洪、兴利的目的，实现防洪、发电、生态、供水等综合效益的最大化。按照调度原理和方法的不同，水库调度可分为常规调度和优化调度。常规调度是根据河川径流特性及电力系统和综合用水部门的要求，编制得到水库调度图，进而根据当前库水位和调度图确定水库运行过程，这种方法理论简单且操作性强。但常规调度没有考虑预报来水，仅仅根据当前水位确定水库运行过程，不利于充分发挥水库的兴利效益。优化调度是依据运筹学理论和水库调度理论，将水库调度问题进行数学形式的抽象化，利用系统工程理论和计算机技术，寻求满足调度过程基本原则的水库最优运行方式。相比于常规调度，优化调度可以充分利用径流信息，实现调度效益最大化。针对水库优化调度问题，国内外学者展开了深入研究。早在 20 世纪 50 年代，美国学者 Masse 就将优化的概念引入水库调度，1955 年哈佛大学水资源大纲标志着系统分析及优化模型在水资源规划及管理应用研究的开端[43]。Little[44]提出基于随机径流的水库优化调度随机数学模型，最早将 Bellman 提出的动态规划方法应用于水库优化调度。随后，线性规划、非线性规划、逐步优化算法、逐次逼近动态规划法等数学规划方法被引入到水库调度模型求解中。Yeh[45]对水库优化调度求解的数学规划算法进行了系统的总结。我国对于水库优化调度的研究始于 20 世纪 60 年代，中国科学院和中国水利水电科学研究院联合翻译出版了《运筹学在水文水利计算中的应用》[46]。施熙灿等[47]将长期调节水电站的优化调度问题归结为随机约束下的马氏决策规划问题，对应用惩罚方法求解这一问题进行了研究。微分动态规划[48-49]、逐步优化算法及其改进算法[50-51]等也在水库优化调度中得到了广泛关注。随着计算机水平与优化算法的进步，启发式优化算法被广泛应用于水库调度研究。这类算法可以有效克服传统方法在应用到水库群优化调度中时存在的"维数灾难"问题，提高了求解复杂调度问题的速度。启发式优化算法包括基于物理规律的算法（如模拟退火算法、引力搜索算法、宇宙大爆炸算法等）、基于进化的算法（如遗传算法、微分进化算法、协同进化算法等）、基于种群的算法（粒子群算法、蚁群算法和萤火虫算法等）和基于人工的算法（如教与学算法、帝国竞争算法、禁忌搜索算法等）。郑姣等[52]提出了一种收敛性全面改善的改进自适应遗传算法，在克服遗传算法早熟和提高算法收敛性能方面有一定的优势。钟平安等[53]设计了一种综合改进的差分进化算法，并以三峡水电站为例说明了该算法的有效性。王丽萍等[54]提出了改进的电子搜索算法，并将其用于求解李仙江流域两座水库联合发电优化调度问题，取得了较高质量的优化结果。Asmadi 等[55]和 Labadie[56]总结了传统优化算法和启发式优化算法在水库运行中的应用情况。在应用启发式算法进行水库优化调度时，需要避免计算过程中可能出现的“早熟”、局部收敛、收敛速度慢等问题。

水库群通常承担着防洪、发电、生态、供水、航运等多项任务，这些任务往往相互制约，存在一定的冲突关系，这就是水库群多目标优化调度问题。这类问题的求解方式主要有两种：一是借助转化约束、赋权、理想点或惩罚函数等方法将多个冲突的目标转化为单个目标，再利用单目标优化方法求解；二是利用多目标进化算法直接求解。多目标转化为单目标求解的方法早期便得到了应用：王金龙等[57]通过罚函数建立了兼顾梯级最小出力最大化的总发电量最大模型，并提出了一种改进单亲遗传算法用于梯级水库中长期多目标优化。黄草等[58]考虑发电、供水、生态等目标，通过权重系数和理想点法将问题转化为单目标，对长江上游水库群建立多目标优化调度模型，并提出了扩展型逐步优化算法（E-POA）对其进行求解。Yang 等[59]以系统发电量最大和生态流量偏离度最小为目标建立了清江梯级水库优化调度模型，引入权重系数将多目标优化问题转化为单目标优化问题，并采用改进的蛙跳算法进行求解，讨论了不同生态流量需求下的优化调度结果。第一种方法虽然能够有效降低多目标优化问题的求解难度，但在实际应用时权重设定依赖主观经验，难以得到客观准确的优化结果，一次计算只能得到一个解，且只能逼近凸的 Pareto 前沿。第二种方法的计算效率更高，一次计算可得到一组 Pareto 最优解集，且对于 Pareto 前沿不连续、不可微、非凸等情况均有良好的鲁棒性，应用更为广泛。覃晖等[60]提出了一种基于自适应柯西变异的多目标差分进化算法，以坝前最高水位最低、最大下泄流量最小和汛末水位最接近汛限水位为目标建立了多目标防洪调度模型，对典型历史洪水的应用研究表明该算法可在较短时间内获得高质量的非劣调度方案集合。王贝等[61]建立了马金溪流域水库群多目标生态调度模型，采用非支配遗传算法（NSGA-Ⅱ）求解，并分析了不同频率来水条件下生态、发电和供水目标之间的关系。纪昌明等[62]提出了一种新型的多目标粒子群算法（LMPSO），其耦合了基于超体积指标的适应值分配方法与基于问题变换的搜索空间降维策略，该算法对溪洛渡-向家坝梯级水库中的长期优化调度开展了应用研究，取得了较好的优化效果。艾学山等[63]从生态和发电两方面出发建立了梯级水库群优化调度模型，提出了基于惩罚因子的动态规划逐次逼近算法（CPF-DPSA）以求解模型，分析了各目标与对应惩罚系数之间的变化关系，在老挝南欧江梯级水库群的应用研究表明，该算法取得的非劣解集质量和分布性较好。Zhang 等[64]建立了一个考虑发电、航运和生态的多目标优化调度模型，并提出了一种基于 R 支配的多目标飞蛾火焰优化算法，讨论多个目标之间的竞争关系。随着梯级水库群的规模增大，水库调度模型的约束条件变得复杂，多目标优化算法有时会出现局部收敛或收敛速度较慢等问题。许多学者从改变算法初始化方式、改良非支配排序算法、设计进化算子及变异算子等方面，针对具体的优化问题，对多目标优化算法进行改进研究，以期取得更快的收敛速度和更高的寻优精度。

1.2.3 预报调度不确定性

由于水文、水力、工程等诸多因素的影响，径流预报和梯级水库群调度过程中不可避免地存在着不确定性。在径流预报不确定性处理方面，大致可以分为两类方法：不确定性要素耦合途径和总误差分析途径。前者首先对径流形成过程中各个环节的不确定性进行量化(如降水输入不确定性、模型结构不确定性、模型参数不确定性等)，再对这些不确定性进行耦合分析。这类方法包括普适似然不确定性估计(GLUE)[65-66]、马尔可夫链蒙特卡洛(MCMC)[67-68]等。何睿等[69]应用 VIC(Variable Infiltration Capacity)模型模拟黑河上游流域的径流过程，并采用 GLUE 方法定量分析了模型参数的敏感性和径流模拟的不确定性。李明亮等[70]利用贝叶斯理论建立了联合概率密度函数来考虑模型参数和降雨观测的不确定性，应用自适应马尔可夫链蒙特卡洛方法对联合分布采样，在此基础上给出概率形式的预报结果。贺玉彬等[71]以大渡河流域为研究对象，从模型输入、结构及参数、人类活动影响等方面，开展了径流预报不确定性溯源及降低控制研究。Chen 等[72]基于 SWAT(Soil and Water Assessment Tool)模型分析了气候变化对未来地表水资源的影响，并评估了不同来源(水文模型、参数化、气候模型等)的不确定性相对贡献。第二类方法则不直接处理输入、模型结构和参数的不确定性，而是处理其综合误差，即从确定性预报结果入手，分析预报结果与实际洪水过程的总误差。通过采用数理统计方法构建确定性模型输出与实际洪水过程的数学描述方程，直接量化径流预报的综合不确定性。这类方法包括贝叶斯模型平均(BMA)[73-74]、水文不确定性处理器(HUP)[75-76]、集合预报[77-78]等。仕玉治和周惠成[79]提出了基于云理论的径流不确定性推理模型，利用云隶属函数描述径流预报径流分级过程中的不确定性，可以得到相应置信区间下的预报区间，将其应用于入库月径流预报中，应用实例取得了较高的预报精度。杨洵等[80]提出了基于 Box-Cox 变换的贝叶斯预报处理器(BPF)模型，分析了预见期 1～10 天下径流预报的不确定性。Liang 等[81]利用大气环流因子与前期径流，建立了基于支持向量机的月径流预报模型，在此基础上利用 HUP 开展了径流的概率预报，以置信区间的形式量化了径流预报的不确定性。Romero-Cuellar 等[82]耦合聚类与高斯混合模型，提出了一种改进的模型条件处理器(GM-CP)，应用该方法评估了在不同气候条件下月径流预测的不确定性。研究结果表明 GMCP 模型在处理月径流误差异方差方面有很大潜力，特别是在干旱区域。康艳等[83]基于 Bagging 和 Boosting 集成学习算法，结合随机森林、梯度提升决策树和轻梯度提升机建立了集成学习模型，应用于黄河流域月径流预报，并评估了预报结果的不确定性。徐冬梅等[84]基于变分模态分解(VMD)、GRU (Gate Recurrent Unit)神经网络和非参数核密度估计，提出了一种月径流区间预测模型，可量化月径流预测的不确定性。

对于水库调度而言，前述不确定性最终都要体现为入库径流的不确定性。实际运用中，一般采用定值预报，不考虑径流预报的不确定性，当实际入库流量偏小时，可能引发出力不足风险或供水风险。随着预见期增长，中长期径流预报的不确定性增大。如何描述径流预报误差特性，定量解析预报不确定性对水库调度及决策过程的影响，一直是水文水资源领域的难题。近年来，许多学者就径流不确定性对水库调度的影响展开了大量研究，取得了一些显著成果。其中，以随机动态规划(SDP)和贝叶斯随机动态规划(BSDP)为代表的显随机调度模型可以在算法中耦合预报不确定性信息，具有成熟的理论基础，能够实现随机径流条件下的最优化运行[85-86]。张勇传等[87]在随机动态规划模型中考虑了入流过程各时段的相关关系，提出了水库群优化调度函数及其参数识别方法。唐国磊[88]以调度期内总发电量期望值最大为目标，考虑径流预报及其不确定性，建立基于随机动态规划的水电站水库随机优化调度模型。Tan 等[89]和 Lei 等[90]利用 Copula 函数计算径流转移概率，将其耦合到传统的随机动态规划模型。王丽萍等[91]利用贝叶斯统计和 MCMC 思想，推求一定预报级别下实际来流的概率分布，建立了与预报值相关的实际来流状态矩阵，在考虑预报误差的情况下进行不确定性优化调度。结果表明，改进后模型有效缩短了计算时间，一定意义上解决了随机优化调度中的维数灾难问题。Karamouz 等[92]考虑水库调度中入流的不确定性，提出了贝叶斯随机动态规划模型，得到了广泛的应用[93-94]。Xu 等[95]建立短、中期径流预报信息相套接的分段聚合分解贝叶斯随机动态规划，为浑江梯级水库群制定前 5d、后 5d 和 10d 的预报调度图。Liu 等[96]考虑汛期和非汛期径流预报不确定性的差异，提出了一种新的两阶段贝叶斯随机动态规划(TTBSDP)。应用研究表明，相比于 BSDP 和 TBSDP，该方法在汛期可以提供更稳定的调度结果。除了通过随机动态规划模型耦合中长期径流预报信息，很多学者采用预报误差来刻画径流预报结果的不确定性，在此基础上分析径流不确定性对调度结果的影响。李芳芳等[97]提出了基于径向基核函数的水库优化调度的响应曲面，该曲面表达了入库流量、水库状态及其对应时段最优下泄流量之间的关系，包含了不同来流条件下水库最优运行方案的信息。根据该响应曲面和径流预报,可以快速得出水库运行的决策方案。李雨等[98]基于Copula函数构建了各地区洪水的联合分布函数,采用随机模拟法生成梯级水库的入库洪水过程,并建立了梯级水库群防洪优化调度模型。赵铜铁钢[99]提出了描述水文预报不确定性演进的鞅模型,全面分析了预见期内预报不确定性和预见期外径流不确定性对水库优化调度的影响。袁柳[100]在构建随机径流情景树的基础上,建立了兼顾决策者风险偏好的水电站效益-风险均衡随机调度模型,通过三峡水库应用实例,认为该模型能容忍一定的发电风险,实现了水电站发电量和发电风险的均衡。宋培兵[101]提出枯水情景下时间-空间-量级多重随机的径流样本生成方法,结合调度模型,计算不同情景下受水区的缺水风险。

1.2.4　多属性决策

水库群调度中通常涉及防洪、发电、生态、供水、航运等多个目标,这些目标往往存在一定的竞争关系,通常可以采用多目标优化算法求解获得一系列Pareto最优方案。水库多属性决策则是帮助决策者对有限个相互非劣的方案进行排序,优选出符合水库系统实际情况和决策者偏好的满意方案。多属性决策实际上是一个多阶段、多指标的复杂决策问题,具有决策偏好难以量化、客观信息难以提取等特点[102]。经过多年的发展,多属性决策方法取得了丰富的研究成果。以逼近理想点法、模糊决策方法、灰色关联分析、集对分析为代表的决策方法已被广泛应用于水库群调度决策领域。

逼近理想解法(Technique for Order Preference by Similarity to Ideal Solution,TOPSIS)通过计算各个方案与正负理想方案之间的距离来进行方案决策,并选取最佳均衡方案。Afshar等[103]考虑各目标量化和重要性排序中的不确定性,提出将模糊评价准则与TOPSIS相结合的多属性决策方法,并以伊朗卡伦河的水资源管理问题为例验证了改进方法的性能。Huang等[104]将TOPSIS方法用于响洪甸水库防洪调度决策。Yang等[105]利用基于最小偏差组合加权方法确定各属性的权重,将灰色关联分析与TOPSIS结合进行决策评价。李克飞等[106]分析了梯级水库群调度中的各类风险并建立了风险评价指标体系,基于熵权法确定指标权重,利用TOPSIS进行方案优选,并在溪洛渡-三峡梯级水库群开展了实例应用。Feng等[107]考虑到发电量和电力系统的峰值运行要求,在乌江水电系统建立了多目标优化调度模型,采用TOPSIS方法进行多属性决策。Hu等[108]以三峡水库为例,考虑水电效益、防洪效益损失、航运效率等11个属性,利用层次分析法、TOPSIS、模糊层次分析法、模糊TOPSIS来评估最佳调度方案。结果表明,TOPSIS和层次分析法计算的方案得分比其余两种方法的波动更大。

模糊决策方法是由模糊数学理论发展而来的多属性决策方法。该方法使用模糊规则来描述决策中的不确定性，通过模糊综合评判获得最佳决策方案[109]。陈守煜[110]将模糊优选理论与动态规划最优化理论结合，提出了多阶段多目标模糊优选理论，并应用于复杂水资源系统的方案优选。张慧峰等[111]针对防洪调度决策问题，提出了一种基于区间优势可能势的模糊折衷型多属性决策方法，对备选方案进行优劣排序，计算得到了满足实际需求的最佳方案。董增川等[112]构建了基于区间数相离度和模糊层次分析法的多目标调度方案优选方法，对金沙江下游梯级水库群进行了应用研究。岳浩等[113]针对洪泽湖调度问题建立了多目标调度决策模型，考虑决策者偏好的模糊性，采用模糊优选方法筛选了不同偏好预期情景下的优化调度方案。徐晨茜等[114]以贵州夹岩水利枢纽为例，针对决策过程中属性权重和属性值的模糊性，提出了耦合犹豫模糊集、前景理论和粗糙集理论的多属性评价方法，对水库生态友好型调度方案进行评价。陈思等[115]建立了龙溪河水库群联合优化调度模型，利用逐次优化法求解，并采用模糊层次分析法进行方案优选。朱昊阳等[116]结合贝叶斯理论对汛限水位动态控制的风险进行分析，耦合信息熵和模糊物元分析方法对不同的动态控制方案进行评价，所提方法在大渡河瀑布沟水库开展了应用研究。

灰色关联分析通过各方案与理想方案几何形状的相似性/贴近度来进行方案优选。该方法具有样本容量小、计算简便的特点。马志鹏等[117]提出了一个多目标洪水调度的灰色关联决策模型，并以洪家渡水库为例进行了方案排序优选。许秀娟等[118]针对水库兴利调度评价中的不确定性，提出了基于结构熵权灰色关联和D-S证据理论的综合评价方法，应用结果表明所提方法能够一定程度上消除评价对象内在的不确定性，使得到的评价结果合理有效。李英海等[119]结合洪水预报误差分析了调度方案的风险率，在此基础上利用改进熵权确定各属性权重，并采用灰色关联分析进行调度方案优选。该方法在三峡水库防洪风险决策中取得了良好的应用效果。谢伟[120]考虑发电、生态、航运多目标优化调度计算了非劣调度方案集，进而采用基于组合熵权法的灰色关联分析法对典型来水场景下的调度方案集进行决策评价。邹强等[121]基于累积前景理论和最大熵理论，建立了水库多目标防洪调度决策优选模型，应用结果表明该模型计算的优劣排序结果与灰色关联分析、Vague集、集对分析一致。

集对分析根据备选方案与理想方案的同、异、反联系来判断方案的优劣。卢有麟等[122]将集对分析与改进熵权法耦合，并用于洪水调度方案决策优选中，在洪家渡水库展开实例应用，验证了该方法的有效性。Ren等[123]利用灰色关联度改进了集对分析法中的差异度系数,提出了基于改进集对分析的水库优化调度方案综合评价模型,从而实现了水库调度方案的优选决策。将该方法评价结果与模糊综合评价模型和模糊物元法的结果对比,所提方法的评价结果差异更加明显。王飞等[124]利用集对分析法在洮河九甸峡水库研究了水库优化调度的方案优选问题。吴成国[125]利用集对分析法描述实际水库调度方案与理想方案之间的单指标差异,再通过加权方法将单指标联系数转化为方案综合联系数,建立了基于联系数的水库洪水资源化调度方案优选模型。杨菊香[126]建立了集对分析综合评价模型,对不同调水情景下的水库调度方案进行评价,得出了总体综合效益最佳方案。

1.3 主要研究内容

本书以“预报—调度—决策”为主线,开展雅砻江流域梯级水库群中长期径流预报调度及不确定性分析研究。全书共有五章:

第一章论述了本书的研究背景与意义,概述了目前中长期径流预报、水库群优化调度、预报调度不确定性、多属性决策的相关研究进展,介绍了研究区概况及所采用的数据。

第二章以水文历史实测信息、预见期气象预报信息和水量平衡模型模拟信息为数据源,将多源数据相似性度量融入多维混沌相空间重构,建立了基于多维混沌相似的中长期径流预报方法模型。

第三章提出了种群初始化、算法参数、进化方程和变异改进策略,建立了基于多策略融合的多目标蝴蝶优化算法,提高了水库群多目标优化调度模型的求解效率。

第四章从保障系统发电量、出力稳定性及生态效益的角度出发,建立了雅砻江下游梯级水库群多目标优化调度数学模型,计算了不同典型水文年来水情景下的多目标优化调度方案。

第五章提出了预报不确定性下的水库群多属性决策方法,充分利用风险均值和区间数信息,实现了调度方案多属性决策。

1.4 研究区与数据

1.4.1 研究区概况

雅砻江发源于青海省巴颜喀拉山,自西北向东南流,在四川省攀枝花市汇入金沙江，东西两侧分别与大渡河、金沙江上游和中游相邻，北与黄河上游分界。流域呈南北向条带状，跨越了近8个纬度带。流域总面积约13.6万km^2，干流全长1 571 km，天然落差3 830 m，是金沙江最大的支流。

流域内地形复杂，上游是高原地区，中游是高山峡谷森林区，下游是宽谷盆地与山地峡谷地貌，岭谷高差悬殊，地势西北高东南低。雅砻江流域地处川西高原气候区，主要受高空西风环流及西南季风影响。干、湿季分明，5—10月是汛期，11月—次年4月为非汛期，流域降水集中，汛期降雨量占全年的90%～95%。流域多年平均降水量为500～2 470 mm，分布趋势由北向南递增。暴雨洪水主要发生在7—9月，流域呈狭长带状，不利于洪水汇集，故洪水具有洪量大、涨落缓慢、历时长的特点。

1.4.2 数据收集与处理

雅砻江流域径流丰沛，水能资源蕴藏量极其丰富，目前干流共规划了22级水电站，总装机容量约3 000万kW，年发电量约1 500亿kW·h，是我国重要的水电基地。本书的研究对象为雅砻江流域下游梯级水电站，包括锦屏一级、锦屏二级、官地、二滩和桐子林水电站，各水电站的基本特征参数见表1.1。

表1.1 梯级水电站基本特征参数

特征参数	单位	锦屏一级	锦屏二级	官地	二滩	桐子林
正常蓄水位	m	1 880	1 646	1 330	1 200	1 015
汛限水位	m	1 859	—	—	1 190	—
死水位	m	1 800	1 640	1 328	1 155	1 012
保证出力	MW	1 086	1 443	709.8	1 028	227
装机容量	MW	3 600	4 800	2 400	3 300	600
出力系数	—	8.5	8.65	8.5	8.6	8.5
设计年发电量	$\times10^8$ kW·h	166.2	237.6	110.16	168.84	29.75
最大过机流量	m^3/s	2 024	1 860	2 345	2 400	3 473
调节性能	—	年调节	日调节	日调节	季调节	日调节

雅砻江流域水库位置和水库系统拓扑结构分别如图1.1、图1.2所示，主要特征曲线如图1.3、图1.4所示。

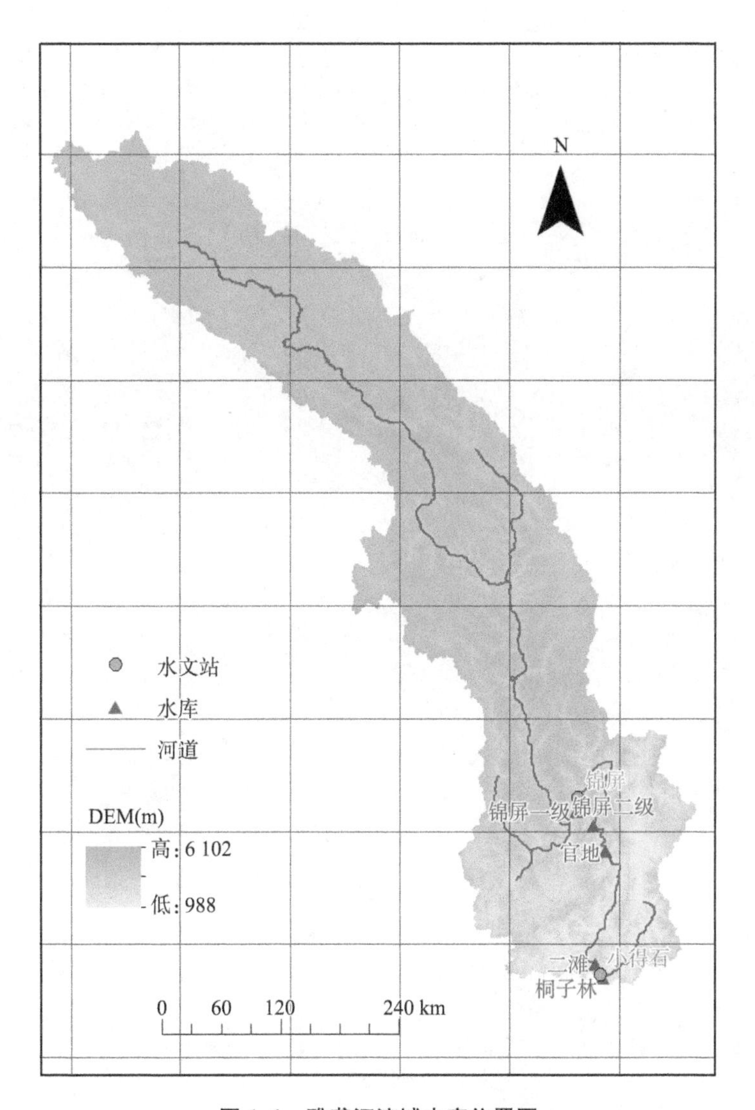

图 1.1　雅砻江流域水库位置图

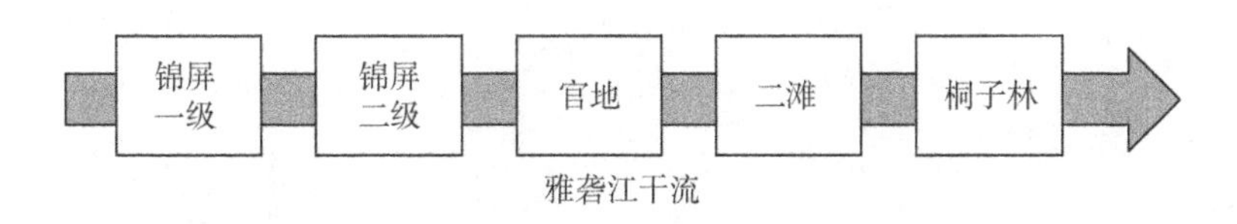

图 1.2　雅砻江流域水库系统拓扑结构示意图

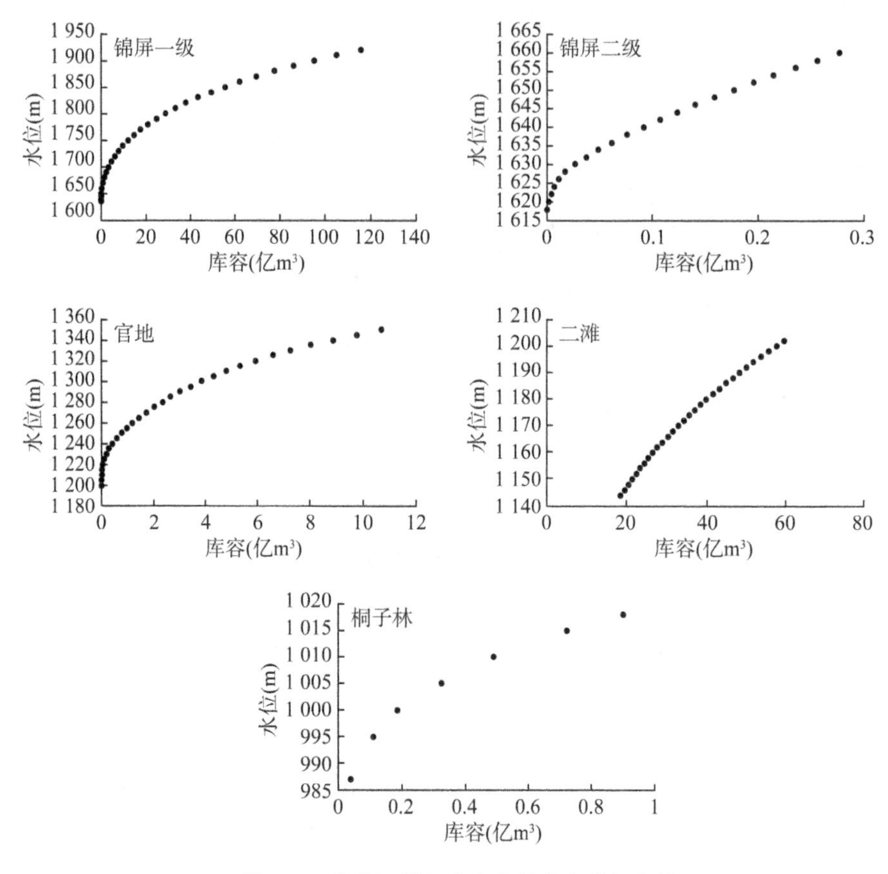

图 1.3　雅砻江梯级水库水位库容特征曲线

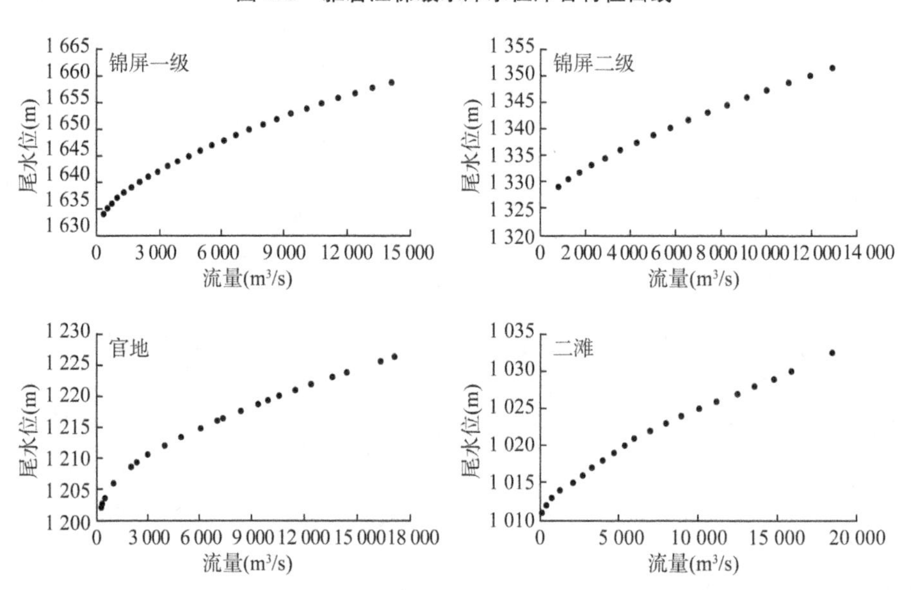

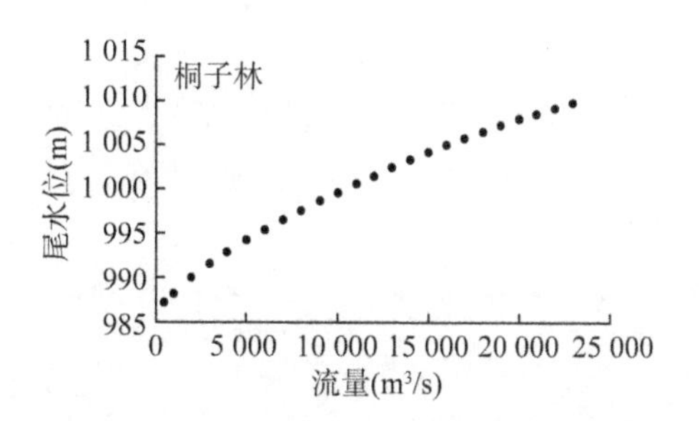

图 1.4　雅砻江梯级水库下泄流量尾水位特征曲线

本书使用的降水数据来自 CN05 格点化观测数据集[127-129]。该数据集是基于全国 2 400 余个气象观测站的逐日资料，通过距平逼近法由气候场和距平场分别插值后叠加得到的。CN05 提供逐日和逐月气象数据，空间分辨率为 0.25°×0.25°。本书使用了 1982—2017 年的逐月降水数据。

本书使用的蒸发数据来自国家气象科学数据中心制作的“中国地面气候资料日值数据集 V3.0”。从该数据集中选取了 1982—2017 年的蒸发皿观测日值，在此基础上求和获得了逐月蒸发皿观测值。

本书收集了 1982—2017 年的逐月入库径流数据、锦屏站和小得石站的逐月径流数据。

第二章

基于多维混沌相似的中长期径流预报方法

2.1 引言

准确可靠的中长期径流预报可为水资源长期调控决策提供有效的基础信息，对流域防灾减灾和水资源管理具有重要意义。目前流域中长期径流预报一般采用数据驱动模型挖掘历史时间序列蕴含的信息，从而对径流的未来发展趋势进行预测[130-131]。这类模型具有建模简单、使用方便、适应性强等优点。受气候气象、下垫面变化及人类活动等诸多因素的综合影响，流域中长期径流过程具有高度的非线性特征，同时还呈现出一定的周期性、趋势性以及随机性。因此，传统的预报方法面临挑战。混沌理论可以提供一种确定性方法和随机性方法之间的桥梁，以统一考虑径流时间序列的内在确定性规律和外在随机性规律。利用混沌理论去解释径流非线性系统，可以为中长期径流预报提供新的思路。混沌相似预测模型是常用的混沌预测方法之一，通过相空间重构技术将序列转换为相空间中的一系列相点，再利用欧氏距离衡量混沌相点之间的相似性，并以此为依据对未来相点演变趋势进行预测[132]，这实际上是一种“量”相似。“量”相似考虑的是相点的整体相似性，没有反映相点内部结构的相似程度。另外，现有研究大多集中在单变量时间序列（如径流时间序列）方面，但复杂系统往往需要多个变量共同刻画，如中长期径流形成过程受到降雨、下垫面等多重因素影响。

基于此，本章以水文历史实测信息、预见期气象预报信息和水量平衡模型模拟信息为数据源，将多源数据相似性度量融入多维混沌相空间重构，建立了基于多源信息的多维混沌相似中长期径流预报方法。该方法对传统的混沌相似预测模型进行改进，将以欧氏距离描述两个相点的空间接近程度定义为“量”相似，以Spearman 秩相关系数描述两个相点的内部结构相似程度定义为“型”相似，提出了“量-型”耦合相似准则；建立双目标相似点寻优模型并采用快速非支配排序方法求解相似点集，依据相似点集对未来径流进行预测。本章以雅砻江锦屏一级水库月入库径流预报为例开展了应用研究。

2.2 多维混沌理论

2.2.1 相空间重构技术

径流时间序列是许多物理因素相互作用的综合反映，蕴藏着水文非线性系统的演变痕迹。由混沌系统产生的轨迹经过一定时期的变化后，最终会做一种有规律的运动，产生一种规则的、有形的轨迹（即混沌吸引子），这种轨迹在经过类似拉伸和折叠后转化成与时间相关的序列时，呈现出混乱的、复杂的特征[133]。Packard 等[134]和 Takens[135]提出通过延迟坐标来重构相空间，在此高维相空间中恢复混沌吸引子，为混沌预测提供了坚实的理论基础。

(1) 单变量相空间重构。对于时间序列$\{x(1),x(2),\cdots,x(n)\}$，如果选择合适的时间延迟$\tau$和嵌入维数$m$，则重构相空间$\boldsymbol{Y}$为：

$$\boldsymbol{Y}=\begin{bmatrix} x(1) & x(1+\tau) & \cdots & x(1+(m-1)\tau) \\ x(2) & x(2+\tau) & \cdots & x(2+(m-1)\tau) \\ \vdots & \vdots & & \vdots \\ x(i) & x(i+\tau) & & x(i+(m-1)\tau) \\ \vdots & \vdots & & \vdots \\ x(N) & x(N+\tau) & \cdots & x(N+(m-1)\tau) \end{bmatrix},i=1,2,\cdots,N \tag{2.1}$$

式中，第i个相点为$Y(i)$，$Y(i)=(x(i),x(i+\tau),\cdots,x(i+(m-1)\tau))$；相空间中的相点总数为$N$，$N=n-(m-1)\tau$。

(2) 多变量相空间重构。对于L个时间序列$X_j(t)=\{x_j(1),x_j(2),\cdots,x_j(n)\}$，其中$j=1,2,\cdots,L$。假设各序列的时间延迟为$\tau_j$、嵌入维数为$m_j$，则重构后的相空间$\boldsymbol{Y}$为：

$$Y_j(i)=\{x_j(i),x_j(i-\tau_j),\cdots,x_j(i-(m_j-1)\tau_j)\} \tag{2.2}$$

$$Y(i)=\{Y_1(i),Y_2(i),\cdots,Y_L(i)\} \tag{2.3}$$

式中，$i=\max\{(m_j-1)\tau_j\}+1,\cdots,n+1$，此时多变量相空间产生的相点个数为$N_0$，$N_0=n-\max\{(m_j-1)\tau_j\}$。

由 Takens 定理，总存在合适的嵌入维数m和时间延迟τ，使得重构相空间的“轨线”与原系统在微分同胚的意义下是“动力学等价”的。因此存在一个光滑映射$f:R^m\to R$，使得

$$Y(t+T)=f(Y(t)) \tag{2.4}$$

式中，T为预测步长（预见期）。式(2.4)表示通过历史观测数据$Y(t)$直接估计$t+T$时刻的相点$Y(t+T)$。对水文预测问题，如本书的月径流量预测，可对未来一年各月月径流同时进行预测，第l月相应的预见期为l，其中$l=1,2,\cdots,12$，即预测次年 1 月月径流时，预见期为 1 个月，预测次年 12 月月径流时，相应的预见期为一年。

采用相空间相似点进行预测，其本质就是由相点$Y(t)$预测$Y(t+T)$，反映

的是动力系统的演化过程。因此，在相空间 R^m 中搜索与 $Y(t)$ 最相近的相点 $Y(i)$，则由下一个相点 $Y(i+T)$ 进行 $Y(t+T)$ 的预测，这就是相空间相似点模型的思路。实际应用时，一般寻找最相似的 k 个相点再取其平均值预测 $Y(t+T)$。相空间相似点预测模型为[136-137]：

$$Y(t+T)=\sum_{i=1}^{k}\phi(i)Y(i+T)\quad (i=1,\cdots,k) \tag{2.5}$$

式中，k 为选取的相似点数目（一般 $k>m+1$，m 是相空间的嵌入维数），$Y(i)$ 为与预测中心点 $Y(t)$ 相似的相点；$\phi(i)$ 为 $Y(i)$ 的权值，一般取等权重。

2.2.1.1　时间延迟参数确定

时间延迟 τ 和嵌入维数 m 是相空间重构的关键。通常是先确定 τ 再确定 m。τ 取值希望使得序列 $x(i)$ 与 $x(i+\tau)$ 适度不相关，但并不希望其值太大导致 $x(i)$ 与 $x(i+\tau)$ 在统计意义上完全不相关[138-139]。多变量与单变量相空间重构中参数 τ 的计算方法相同，主要包括自相关函数法和平均互信息法。

(1) 自相关函数法。对于一个长度为 n 的时间序列 $\{x(1),x(2),\cdots,x(n)\}$，自相关函数 $U(\tau)$ 为[140]：

$$U(\tau)=\frac{\sum_{i=1}^{N}[x(i)-\overline{x}][x(i+\tau)-\overline{x}]}{\sum_{i=1}^{N}[x(i)-\overline{x}]^2} \tag{2.6}$$

式中，$\overline{x}$ 为系列均值。由此可做出自相关函数关于时间 τ 的关系曲线。取自相关函数第一次经过零点时对应的时间为最佳时间延迟 τ，这样能保证各嵌入坐标间相关性最小。

(2) 平均互信息法。不同于自相关函数法，互信息法不仅可以判断线性相关性，还能够判断非线性相关性。假设时间序列 $A=\{x(i)\mid i=1,2,\cdots,n\}$ 及其经过延迟 τ 后形成的序列 $B=\{x(j+\tau)\mid j=1,2,\cdots,n-\tau\}$，可计算其互信息 $I(\tau)$[141]：

$$\begin{aligned}I(\tau)&=H(A)+H(B)-H(A,B)\\&=-\sum_{i=1}^{n}P(x(i))\log P(x(i))-\sum_{i=1}^{n-\tau}P(x(i+\tau))\log P(x(i+\tau))+\\&\quad\sum_{i=1}^{n-\tau}P(x(i),x(i+\tau))\log P(x(i),x(i+\tau))\end{aligned} \tag{2.7}$$

式中，$P(x(i))$、$P(x(i+\tau))$分别为 $x(i)$、$x(i+\tau)$的概率，$P(x(i),x(i+\tau))$为 $x(i)$和 $x(i+\tau)$的联合概率。选取平均互信息第一个局部极小值对应的 τ 为最佳时间延迟，此时产生的冗余最小。

2.2.1.2 嵌入维数参数确定

相空间重构中嵌入维数 m 的计算方法主要包括伪邻近点法和 G-P 算法。

(1) 伪邻近点法。伪邻近点法(False Nearest Neighbors，FNN)是 Kennel 等[142]提出的一种确定嵌入维数的方法。从几何角度来说，混沌时间序列是高维相空间混沌运动的轨迹在低维空间上的投影。在投影过程中，运动轨迹会发生一定扭曲，原本在高维空间中并不相邻的两个点，在投影到低维空间时有可能成为相邻的点(也称伪邻近点)。相空间重构的目的则是从序列中构造出混沌运动的轨迹。随着嵌入维数增长，混沌运动的轨迹逐步被展开，挤压在一起的伪邻近点也逐步分离，直到伪邻近点的比例小于某个阈值或不再随着嵌入维数增加而减少时，可以认为吸引子几何结构完全打开。因此，FNN 通过判断伪邻近点的比例来选取合适的嵌入维数。

对时间序列$\{x(1),x(2),\cdots,x(n)\}$进行相空间重构，假设在 m 维相空间中相点 $Y(i)$的最邻近点为 $Y_\eta(i)$，其距离为：

$$d_m = \| Y(i) - Y_\eta(i) \|^m = \sum_{k=0}^{m-1} [x(i+k\tau) - x_\eta(i+k\tau)]^2 \tag{2.8}$$

当嵌入维数从 m 增加到 $m+1$ 时，其距离变为：

$$d_{m+1} = \| Y(i) - Y_\eta(i) \|^{m+1} = d_m + [x(i+m\tau) - x_\eta(i+m\tau)]^2 \tag{2.9}$$

如果 d_{m+1} 比 d_m 有较大变化，可认为这是由于高维混沌吸引子中两个不相邻的点投影到低维相空间上时变成了相邻的点，也就是伪邻近点。判断伪邻近点的准则如下：

$$\frac{d_{m+1} - d_m}{d_m} = \frac{[x(i+m\tau) - x_\eta(i+m\tau)]^2}{d_m} > R_{tol} \tag{2.10}$$

式中，R_{tol} 为固定阈值，一般取值为 $R_{tol} \geqslant 10$[142]。本书取 R_{tol} 为 10。

判断伪邻近点的另外一个准则为：

$$\frac{d_{m+1}}{R_A} > A_{tol} \tag{2.11}$$

式中，A_{tol} 为固定阈值，一般取值为 $A_{tol} \approx 2$。R_A^2 为时间序列的方差。上述两条准则只要满足其中一条，即可判定为伪邻近点。

(2) G-P 算法。1983 年，Grassberger 和 Procaccia[143-144] 提出了从时序计算吸引子关联维的 G-P 算法。G-P 算法的主要步骤如下。

Step 1：重构相空间。利用时间序列$\{x(1),x(2),\cdots,x(n)\}$，先给定一个较小的嵌入维数值 m，根据式(2.1)～式(2.3)计算其相应的重构相空间 $\boldsymbol{Y}$。

Step 2：计算关联函数。给定一个临界距离 r，距离小于 r 的相点点对数在所有相点点对中所占比例记为 $C_m(r)$。

$$C_m(r)=\frac{1}{N^2}\sum_{i,j=1}^{N}H(r-\|Y(i)-Y(j)\|) \tag{2.12}$$

$$H(h)=\begin{cases}0,h\leqslant 0\\1,h>0\end{cases} \tag{2.13}$$

式中，N 为总相点数，$\|Y(i)-Y(j)\|$ 表示相点 $Y(i)$ 和相点 $Y(j)$ 之间的距离，H 为 Heaviside 单位函数。$C_m(r)$ 称为吸引子的关联函数，描述了相空间中吸引子上两点之间距离小于 r 的概率。如果 r 的取值太小，会导致相点之间的距离都比 r 大，则 $C_m(r)=0$；如果 r 的取值过大，所有相点之间的距离都比 r 小，则 $C_m(r)=1$。一般来说，r 的取值要使得 $0\leqslant C_m(r)\leqslant 1$ 才有意义。

Step 3：计算关联维数。对于 r 的某个适当范围，吸引子的维数 D 与关联函数 $C_m(r)$ 应满足对数线性关系，即

$$D(m)=\lim_{r\to 0}\frac{\ln C_m(r)}{\ln r} \tag{2.14}$$

在实际计算中，根据所取的若干个 r 值及其对应的 $C_m(r)$ 值，绘制曲线 $\ln r\sim\ln C_m(r)$，通过拟合直线部分的斜率计算对应的关联维数估计值 $D(m)$。

Step 4：逐步增大嵌入维数 m，重复 Step 2 和 Step 3，计算不同维数下时间序列的关联维数 $D(m)$。$D(m)$ 不再变化时对应的嵌入维数即为相空间重构的最佳嵌入维数。

关联维数的取值情况是判断系统是否混沌的一个重要标准。混沌系统具有正的分数维关联维数。如果 $D(m)$ 随 m 的增长而增长，且并不收敛于一个稳定的值，则表明所考虑的系统是随机的。

接下来分析雅砻江流域锦屏一级水库的逐月入库径流、月降水和月蒸发，以及其利用水量平衡模型计算的模拟径流等序列的时间延迟参数和嵌入维数参数，以便构建重构相空间，进而开展径流的混沌相似预测。

2.2.2 实测水文系列相空间重构参数确定

采用自相关函数法和平均互信息法对雅砻江流域锦屏一级水库 1982—2017 年的逐月入库径流、月降水和月蒸发序列进行分析。时间延迟参数的计算结果如图 2.1 所示。由图可知，各序列在 $\tau=3$ 时，自相关函数第一次经过零点且达到平均互信息第一个局部极小值，因此其时间延迟参数取值均为 3。

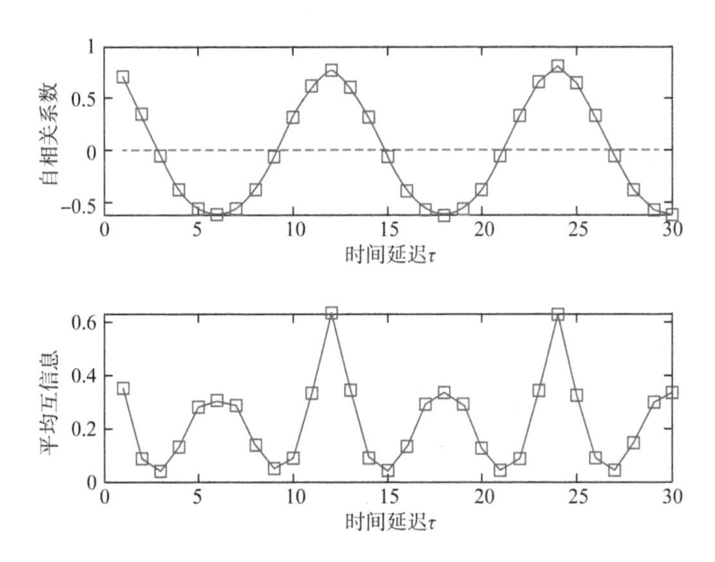

(a) 月径流时间延迟计算结果

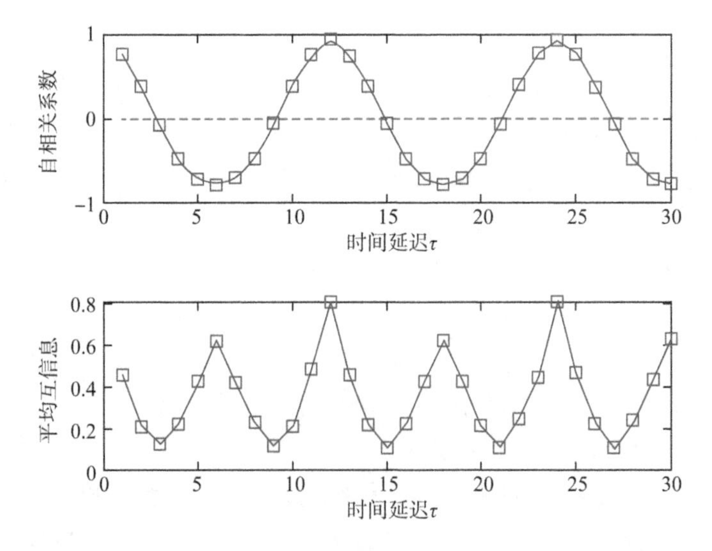

(b) 月降水时间延迟计算结果

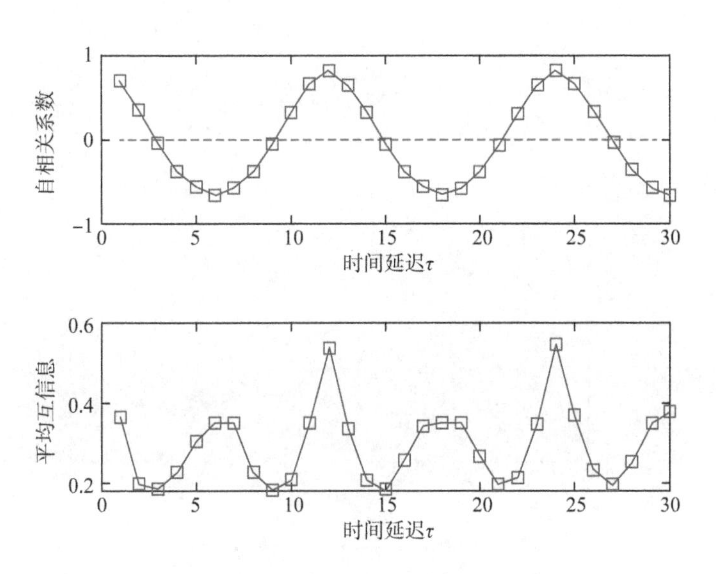

(c) 月蒸发时间延迟计算结果

图 2.1　锦屏一级水库逐月水文序列时间延迟参数计算结果

采用 FNN 算法对雅砻江流域锦屏一级水库 1982—2017 年的逐月入库径流、月降水和月蒸发序列进行分析，嵌入维数的计算结果如图 2.2 所示。从图中可以看出，根据 FNN 算法，以月径流、月降水和月蒸发序列的伪邻近点占比达到最小值时对应的嵌入维数为最佳嵌入维数，故各序列的嵌入维数参数取值分别为 9、10、7。

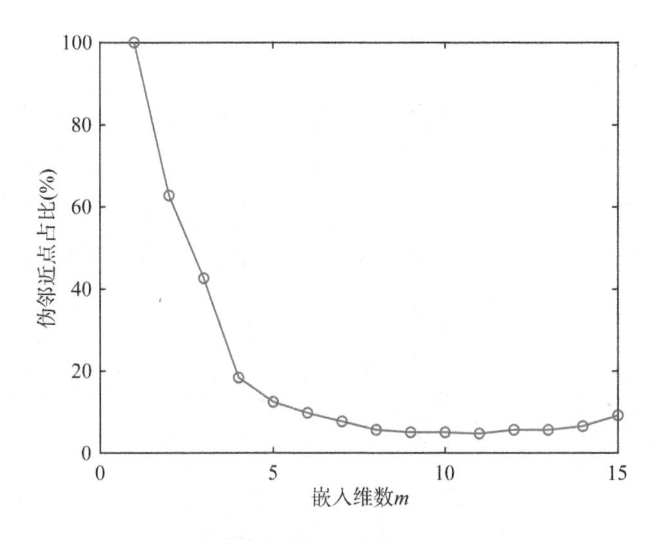

(a) 月径流伪邻近点比例与嵌入维数的关系

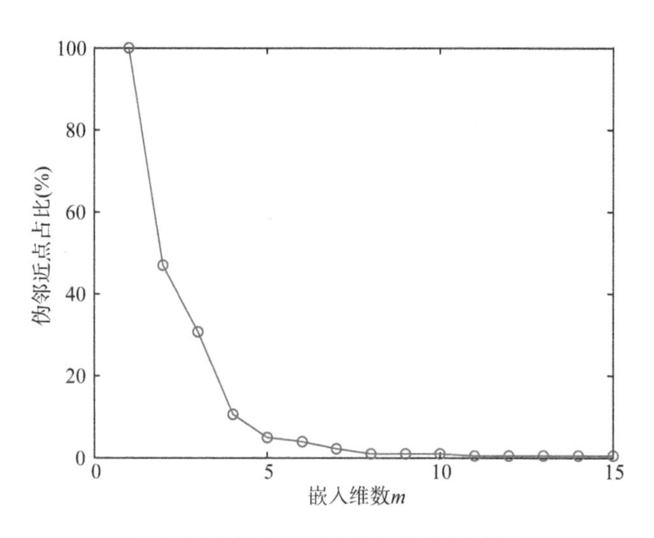

(b) 月降水伪邻近点比例与嵌入维数的关系

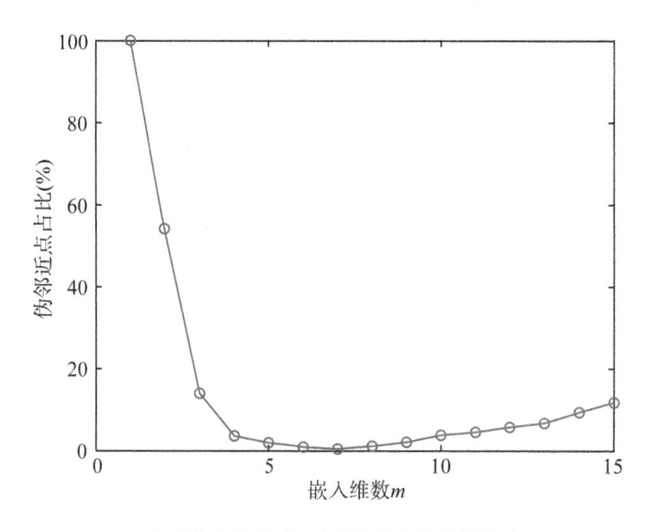

(c) 月蒸发伪邻近点比例与嵌入维数的关系

图 2.2　锦屏一级水库逐月水文序列 FNN 算法计算的嵌入维数结果

采用G-P算法对雅砻江流域锦屏一级水库1982—2017年的逐月入库径流、月降水和月蒸发序列进行分析,不同嵌入维数下 $\ln C_m(r)$ 与 $\ln r$ 的关系及 $D(m)$ 与 m 的关系如图2.3所示。从图中可以看出,$\ln C_m(r)\sim\ln r$ 曲线图的直线部分随着嵌入维数 m 的增大逐渐趋于平行,其直线段的相应斜率为不同 m 值下的 $D(m)$。当 $m=9$ 时,月径流的 $D(m)$ 逐渐达到饱和,因此月径流序列的嵌入维数取值为9,其相应的饱和关联维数为2.78,说明锦屏一级水库月入库径流序列具有混沌特性。同理根据图2.3可知,月降水和月蒸发序列的嵌入维数参数取值分别为 10、9，其相应的饱和关联维数分别为 2.48、2.94，说明月降水和月蒸发序列均具有混沌特性。

综合 FNN 和 G-P 算法的计算结果，锦屏一级水库月入库径流序列的嵌入维数为 9，月降水序列的嵌入维数为 10，月蒸发序列嵌入维数为 7～9。

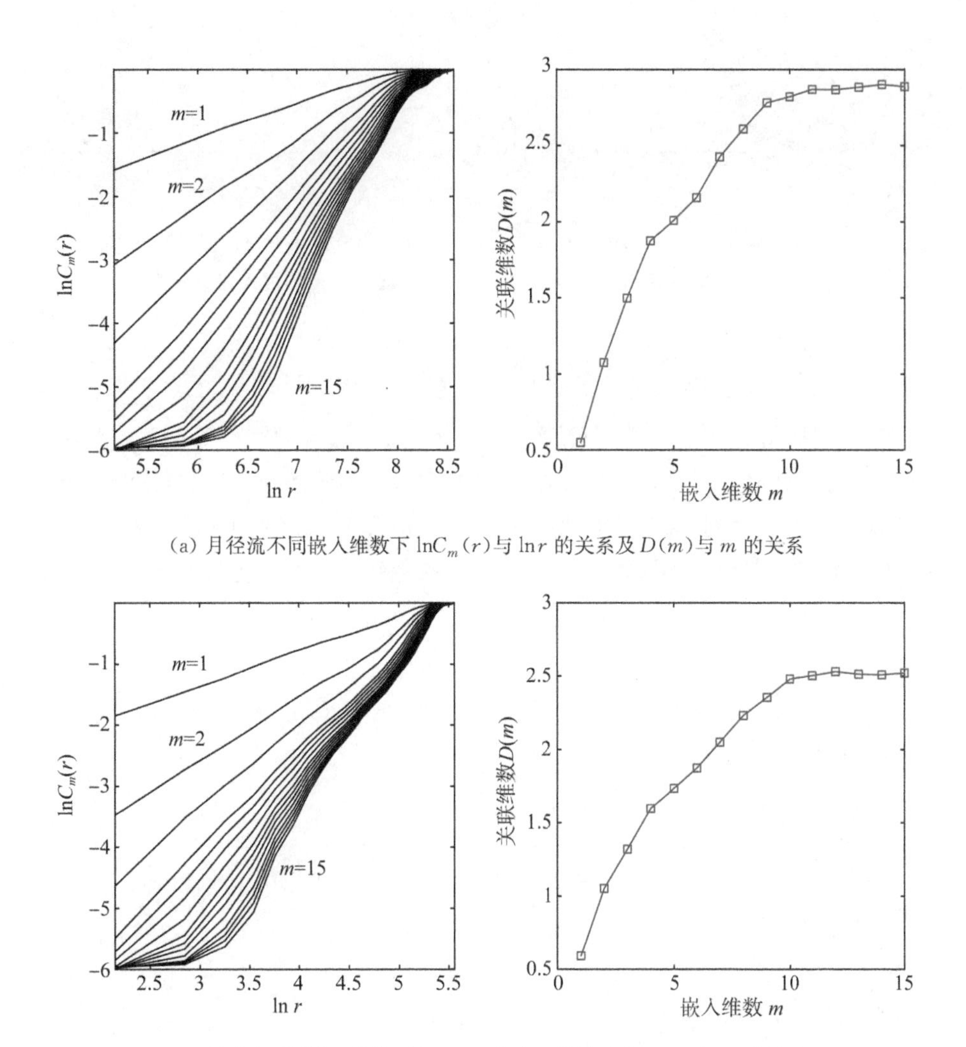

(a) 月径流不同嵌入维数下 $\ln C_m(r)$ 与 $\ln r$ 的关系及 $D(m)$ 与 m 的关系

(b) 月降水不同嵌入维数下 $\ln C_m(r)$ 与 $\ln r$ 的关系及 $D(m)$ 与 m 的关系

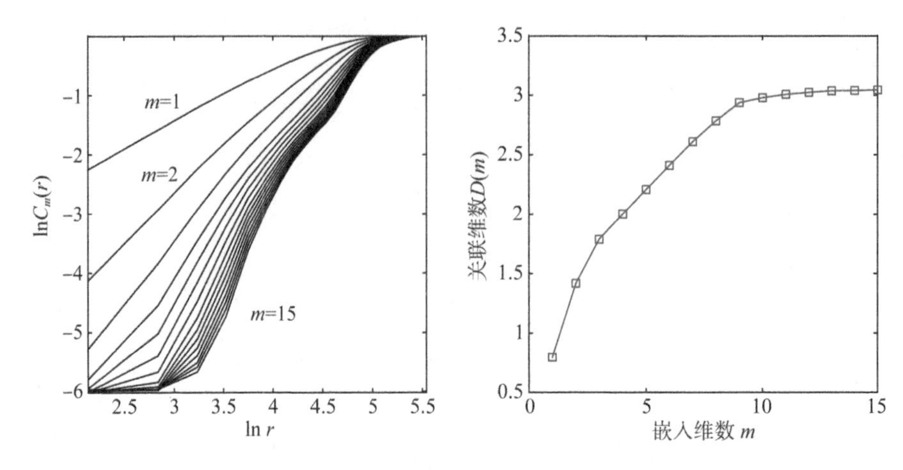

(c) 月蒸发不同嵌入维数下 $\ln C_m(r)$ 与 $\ln r$ 的关系及 $D(m)$ 与 m 的关系

图 2.3 锦屏一级水库逐月水文序列 G-P 算法计算的嵌入维数结果

2.2.3 模拟径流序列相空间重构参数确定

月尺度的集总式水量模型对资料要求相对较低、模型结构简单且参数易于估计。为了充分挖掘历史水文信息,将实测降水和蒸发资料输入月水量平衡模型计算模拟径流序列。该模拟径流序列在一定程度上反映了流域径流形成机制,在 2.4 节的中长期径流预测中可以将模拟径流序列纳入数据源。

本次选用了熊立华等[145]提出的两参数月水量平衡模型。该模型在我国南方湿润或半湿润地区取得了较好的应用效果[146-147]。模型的输入为月降水量和月蒸发皿观测值,模型的输出为月径流量、实际蒸发量、土壤含水量等。

流域的月实际蒸散发计算如下:

$$E_t = C \cdot EP_t \cdot \tanh(P_t / EP_t) \tag{2.15}$$

式中,E_t 为流域月实际蒸散发值,EP_t 为月蒸发皿观测值,P_t 为月降水量,C 为模型无量纲参数,综合反映蒸散发和降水的变化情况,参数范围为 0.2~2[148]。

假设月径流量为土壤含水量的双曲正切函数,月径流计算如下:

$$Q_t = S_t \cdot \tanh(S_t / SC) \tag{2.16}$$

式中,Q_t 为月径流量,S_t 为当月土壤净含水量,SC 为流域最大蓄水能力(mm),表示当土壤几乎没有水分时整个流域的平均持水能力,参数范围为 100~1 000 mm[148]。

流域月水量平衡方程如下：

$$S_t = S_{t-1} + P_t - E_t - Q_t \tag{2.17}$$

邓超[149]考虑流域植被的季节性变化规律，提出将蒸发参数 C 假定为一个时段长滞时的归一化植被指数（$NDVI$）的函数，即 $C_t = a_0 + a_1 NDVI(t-1)$，使得模型更能反映蒸发的季节性变化。从中国区域 250 米归一化植被指数数据集（2000—2022）中提取出雅砻江锦屏一级水库以上流域的数据，计算了研究区多年平均的逐月 $NDVI$ 值，结果见表 2.1。从表中可以看出，研究区 1—2 月的 $NDVI$ 值较低（0.38），夏秋季节的 $NDVI$ 值较高（>0.6），冬季的 $NDVI$ 值逐步降低，植被覆盖情况体现出较强的季节变化规律。

表 2.1 雅砻江锦屏一级水库以上多年平均逐月归一化植被指数

月份	1	2	3	4	5	6	7	8	9	10	11	12
$NDVI$ 值	0.38	0.38	0.40	0.45	0.53	0.65	0.72	0.72	0.67	0.57	0.47	0.43

本节基于参考文献[149]中的时变参数 C_t，建立了两参数月水量平衡模型。将雅砻江流域锦屏一级水库 1982—2017 年的逐月入库径流数据划分为率定期（1982—2005 年）和验证期（2006—2017 年）。为提升参数优化效率，利用遗传算法进行了参数优化，获取了最优模型参数 C 和 SC，见表 2.2。其中，系数 a_0 和 a_1 分别为 0.529 和 0.352 9。

表 2.2 两参数月水量平衡模型参数取值

参数	C_1	C_2	C_3	C_4	C_5	C_6	C_7	C_8	C_9	C_{10}	C_{11}	C_{12}	SC
取值	0.68	0.66	0.66	0.67	0.69	0.72	0.76	0.78	0.78	0.77	0.73	0.69	659.47

采用纳什效率系数（NSE）、Kling-Gupta 效率系数（KGE）、相对偏差（RB）、均方根误差（$RMSE$）、平均绝对误差（MAE）、相关系数（R）等指标评估两参数月水量平衡模型率定期和验证期的月径流模拟精度，结果见表 2.3。各指标的计算方式如下：

$$NSE = 1 - \frac{\sum_{t=1}^{T}(O_t - S_t)^2}{\sum_{t=1}^{T}(O_t - \overline{O})^2} \tag{2.18}$$

$$KGE = 1 - \sqrt{(R-1)^2 + \left(\frac{\sigma_s}{\sigma_o} - 1\right)^2 + \left(\frac{\overline{S}}{\overline{O}} - 1\right)^2} \tag{2.19}$$

$$RB=\frac{\sum_{t=1}^{T}(S_t-O_t)}{\sum_{t=1}^{T}(O_t)}\times 100\% \tag{2.20}$$

$$RMSE=\sqrt{\frac{1}{T}\sum_{t=1}^{T}(O_t-S_t)^2} \tag{2.21}$$

$$MAE=\frac{1}{T}\sum_{t=1}^{T}|O_t-S_t| \tag{2.22}$$

$$R=\frac{\sum_{t=1}^{T}(O_t-\overline{O})(S_t-\overline{S})}{\sqrt{\sum_{t=1}^{T}(O_t-\overline{O})^2}\sqrt{\sum_{t=1}^{T}(S_t-\overline{S})^2}} \tag{2.23}$$

式中，O_t 和 S_t 分别为第 t 时刻的实测值和预测值；$\overline{O}$ 和 $\overline{S}$ 分别为实测均值和预测均值；T 为数据系列长度；σ_s 和 σ_o 分别为预测值和实测值的标准差。

由表 2.3 可知，率定期和验证期的 RB 均小于 5%，说明总体水量误差较小；模拟月径流与实测月径流的 NSE、KGE 和 R 值较高，均大于 0.9；从 $RMSE$ 和 MAE 来看，率定期比验证期的指标值略好一些。总体来说，两参数月水量平衡模型的整体模拟性能较好。图 2.4 为锦屏一级水库月入库径流实测值与模拟值的过程线对比图和散点对比图。从图中可以看出，实测值和模拟值的一致性较好，特别是在低流量处，但对部分年份的月径流模拟有一定低估。总体来看，散点都较为均匀地分布在 1∶1 线两侧，月径流模拟的偏差处于合理范围内。

表 2.3　两参数月水量平衡模型的月径流模拟精度评价

时段	NSE	KGE	RB(%)	$RMSE$(m^3/s)	MAE(m^3/s)	R
率定期	0.93	0.93	0.1	300	208	0.96
验证期	0.91	0.95	−0.3	276	175	0.96

采用 2.2.1 节的自相关函数法和平均互信息法计算模拟月径流序列的时间延迟参数，采用 2.2.1 节的伪邻近点法和 G-P 算法计算其嵌入维数参数，结果如图 2.5 所示。从图可知：(1) 系列的自相关函数在 τ 为 3 时自相关系数首次通过零点，平均互信息也达到第一个极小值。故模拟月径流序列的时间延迟参数为 3。(2) 伪邻近点比例在 m 为 9 时达到最小值；且当 $m=9$ 时，模拟月径流序列的 $D(m)$ 逐渐达到饱和。故模拟月径流序列的嵌入维数取值为 9。

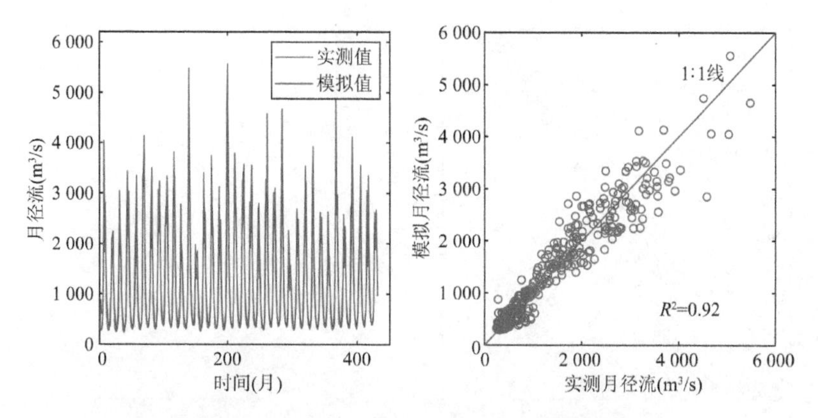

图 2.4　锦屏一级水库以上流域月径流过程模拟结果对比

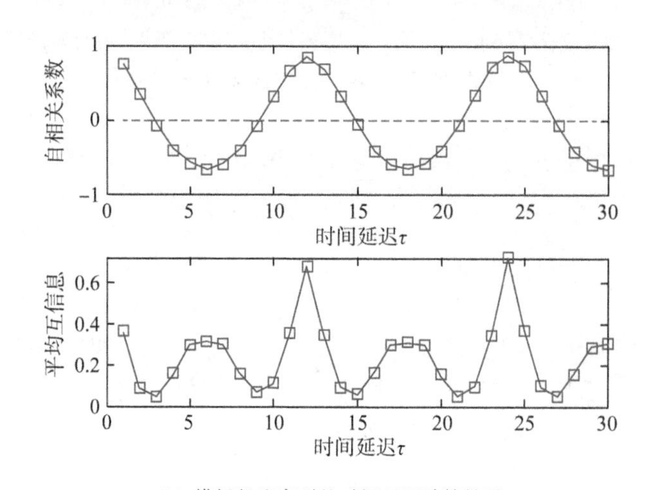

（a）模拟径流序列的时间延迟计算结果

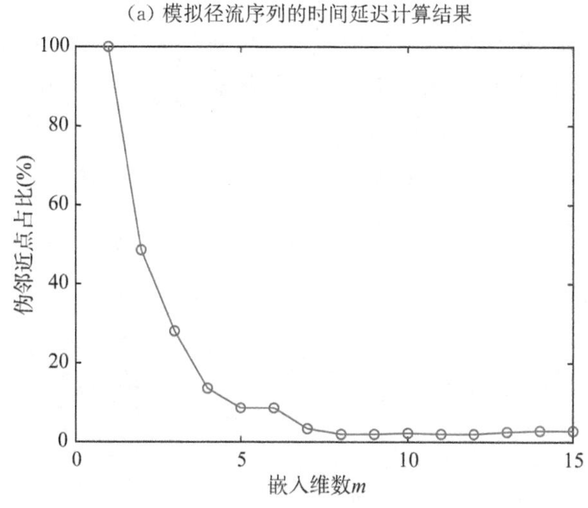

（b）模拟径流序列伪邻近点比例与嵌入维数的关系

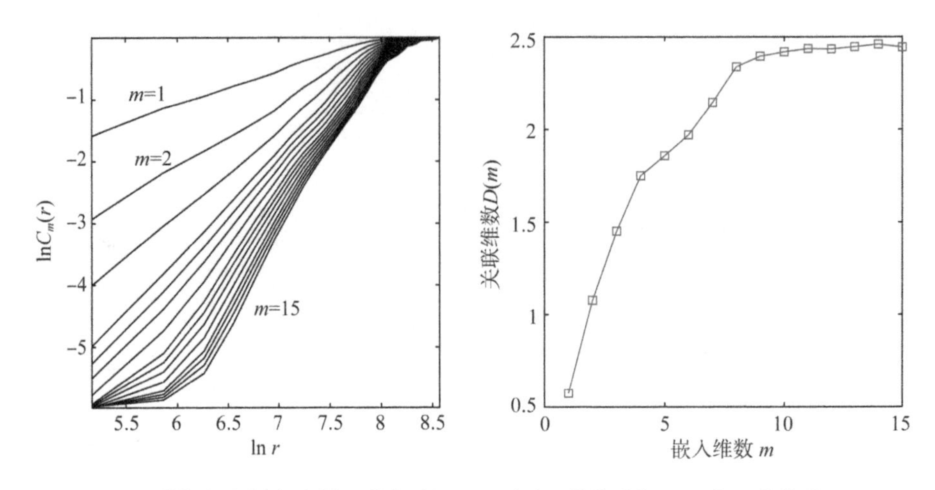

(c) 模拟径流序列不同嵌入维数下 $\ln C_m(r)$ 与 $\ln r$ 的关系及 $D(m)$ 与 m 的关系

图 2.5　模拟径流序列的相空间重构参数计算结果

2.3　“量-型”耦合相似的混沌预测模型

2.3.1　“量-型”相似准则

按照传统混沌相似预测模型，三维相空间中相点 $Y(j)$ 和预测中心点 $Y(t)$ 的相似性可通过欧氏距离来描述，如图 2.6(a)所示。但即使相点在空间上接近，相点内部结构可能存在天壤之别。如图 2.6(b)所示，以五维相空间为例，其中的相点 $Y(i)$ 和 $Y(j)$ 到预测中心点 $Y(t)$ 的欧氏距离相等，但两个相点在各维度上的变化趋势完全相反，对最终的预测结果可能有重要影响。对水文预测问题，如本书的月径流预测，每个相点由 m 维月径流量(m 维坐标)组成，按欧氏距离大小度量相似程度就意味着两个相点在各个维度对应的月径流量相近，这实质上相当于一种“量”的相似。“量”相似考虑的是相点的整体相似性，但没有反映

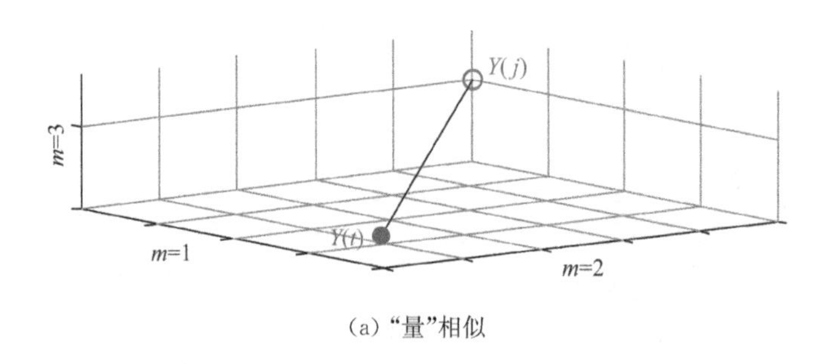

(a) “量”相似

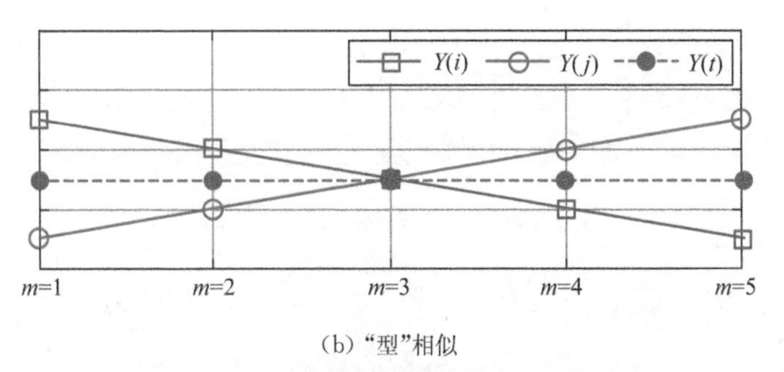

(b)"型"相似

图 2.6　混沌相似模型的"量-型"相似准则示意图

相点内部结构的相似程度,如对于两个相点 m 维月径流量在时序上的升/降变化趋势是否一致或相近,则无法描述。

因此,本节在"量"相似基础上再引入"型"相似概念,采用 Spearman 秩相关系数来描述不同嵌入维度之间趋势的相似性,即"型"相似,从而建立"量-型"相似准则。Spearman 秩相关系数是一个非参数性质的秩统计参数,对数据的分布类型没有限制,可用于描述两个序列之间的变化趋势是否一致。对于序列 H 和 G,$H=(h_1,h_2,\cdots,h_m)$,$G=(g_1,g_2,\cdots,g_m)$,它们之间的 Spearman 秩相关系数 $\rho(H,G)$为:

$$\rho(H,G)=1-\frac{6\sum_{i=1}^{m}(R(h_i)-R(g_i))^2}{m(m^2-1)} \tag{2.24}$$

式中,$R(h_i)$和 $R(g_i)$表示元素 h_i 和 g_i 的秩,m 为序列长度。$\rho(H,G)$的取值范围为$[-1,1]$。

对于相点 $Y(i)$和预测中心点 $Y(t)$,即 $Y(i)=(x(i),x(i+\tau),\cdots,x(i+(m-1)\tau))$,$Y(t)=(x(t),x(t+\tau),\cdots,x(t+(m-1)\tau))$。相点之间的"型"相似指标计算如下:

$$\rho(i,t)=1-\frac{6\sum_{j=1}^{m}(R(x(i+(j-1)\tau))-R(x(t+(j-1)\tau)))^2}{m(m^2-1)} \tag{2.25}$$

当两个相点各维度坐标值秩序一致时,$\rho(i,t)$为 1,否则为-1。当 $\rho(i,t)=1$ 时,相点 $Y(i)$和预测中心点 $Y(t)$的相对排序完全一致;当 $\rho(i,t)=-1$ 时,其相对排序完全相反;当 $\rho(i,t)=0$ 时,其相对排序不相关。因此,两个相点的相似度可用 Spearman 秩相关系数 $\rho(i,t)$来描述,其值越大表示两相点内部结构变化趋势越一致，即“型”越相似，反之亦然。

基于此，预测中心点 $Y(t)$ 的相似点 $Y(i)$ 定义为：

①“量”相似准则，即与预测中心点 $Y(t)$ 的欧氏距离较小。

$$F_1:\min_i \| Y(t)-Y(i) \|_2 \tag{2.26}$$

②“型”相似准则，即与预测中心点 $Y(t)$ 的内部结构相似。

$$F_2:\max_i \rho(i,t) \tag{2.27}$$

这是个双目标优化问题，本书采用快速非支配排序方法求解相似点集。

2.3.2 快速非支配排序方法

在实际工程问题中，常常会遇到多目标优化问题。在这类问题里，各个目标之间相互冲突，改善其中一个目标的性能，可能是通过降低其他目标的性能达到的，难以获得使所有目标都达到最优的解。因此需要对多个目标进行权衡，获取一个非劣解的集合，又称为 Pareto 最优解集。NSGA-Ⅱ算法是一种经典的多目标优化算法，其中的快速非支配排序方法(Non-dominated Sorting Method)是重要求解策略之一。快速非支配排序方法中的相关概念描述如下[150]。

(1) 支配关系(Dominate Relation)

在多目标优化问题中，如果个体 h 至少有一个目标比个体 g 好，且个体 h 的所有目标都不比个体 g 差，则称个体 h 支配个体 g，或者说个体 h 非劣于个体 g。

(2) 非支配解(Non-dominated Solution)

如果不存在能够支配个体 h 的其他个体，则个体 h 称为非支配解，或者非劣解。

(3) 支配级(Rank)和前沿(Front)

如果个体 h 支配个体 g，则 h 的支配级比 g 的低。如果 h 和 g 互不支配，或者说 h 和 g 相互非劣，则 h 和 g 有相同的支配级。支配级为 1 的个体属于第一前沿，支配级为 2 的个体属于第二前沿，以此类推。因此，第一前沿的个体是完全不受支配的，第二前沿受第一前沿中个体的支配。这样，通过快速非支配排序可以将所有个体分配到不同的前沿。

将快速非支配排序方法应用到求解混沌预测的相似点集中，具体描述如下。设待选相点集合 $P=\{Y(i),i=1,2,\cdots,N-T-1\}$，其中 N 为相点总数，T 为预测步长。根据式(2.26)和式(2.27)可计算出 $Y(i)$ 与预测中心点 $Y(t)$ 的“量”相似得分(欧氏距离)、“型”相似得分(Spearman 秩相关系数)。接下来对集合 P

内的待选相点进行非支配排序。

Step 1:设所有相点的集合为 P,现从中找出非支配解集合,记为 F_1。

Step 2:令 $P=P-F_1$,从 P 中再找出非支配解集合,记为 F_2。

Step 3:重复步骤 Step 2,直到 P 为空集。将每次找出的非支配解进行排序,得到$\{F_1,F_2,\cdots,F_s\}$,其中 s 表示支配级数。绘制 F_i 集合中对应点并连线,可得 s 个前沿面。

Step 4:按照支配级数从低到高选取 k 个相点组成预测相似点集。若某前沿面上有多个相点可供选择,则选择拥挤距离大的相点,以保证解的多样性。拥挤距离(crowding distance)的计算方式如下:

$$cd_i=\frac{f_1(i+1)-f_1(i-1)}{f_1^{\max}-f_1^{\min}}+\frac{f_2(i+1)-f_2(i-1)}{f_2^{\max}-f_2^{\min}} \tag{2.28}$$

$$f_1(i)=\| Y(t)-Y(i)\|_2 \tag{2.29}$$

$$f_2(i)=-\rho(i,t) \tag{2.30}$$

式中,$f_1(i)$为相点 $Y(i)$在“量”相似目标上对应的函数值;$f_2(i)$为相点 $Y(i)$在“型”相似目标上对应的函数值;$f_1^{\max}$ 和 $f_1^{\min}$ 为“量”相似目标的最大值和最小值;$f_2^{\max}$ 和 $f_2^{\min}$ 为“型”相似目标的最大值和最小值。

2.3.3　中长期径流预测流程

在原混沌相似预测模型中,仅以相点之间的欧氏距离来度量其相似性,在此基础上实现混沌预测。在改进后的混沌相似预测模型中,将以欧氏距离描述两个相点的空间接近程度定义为相点的“量”相似,以 Spearman 秩相关系数描述两个相点的内部结构相似程度定义为相点的“型”相似,建立“量-型”相似准则,并采用快速非支配排序方法获取相似点集,实现混沌预测。将原模型和改进后模型应用于月径流预测,具体流程如图 2.7 所示。

2.4　预测结果分析与讨论

2.4.1　不考虑预见期降水的径流预报

本节以雅砻江流域锦屏一级月入库径流预报为例,考虑不同的相似度量准则及不同的输入资料,构建了六种基于混沌理论的预测模型,见表 2.4。其中,Q、P、E、Q_m 分别为月径流实测序列、月降水序列、月蒸发序列和月径流模拟序

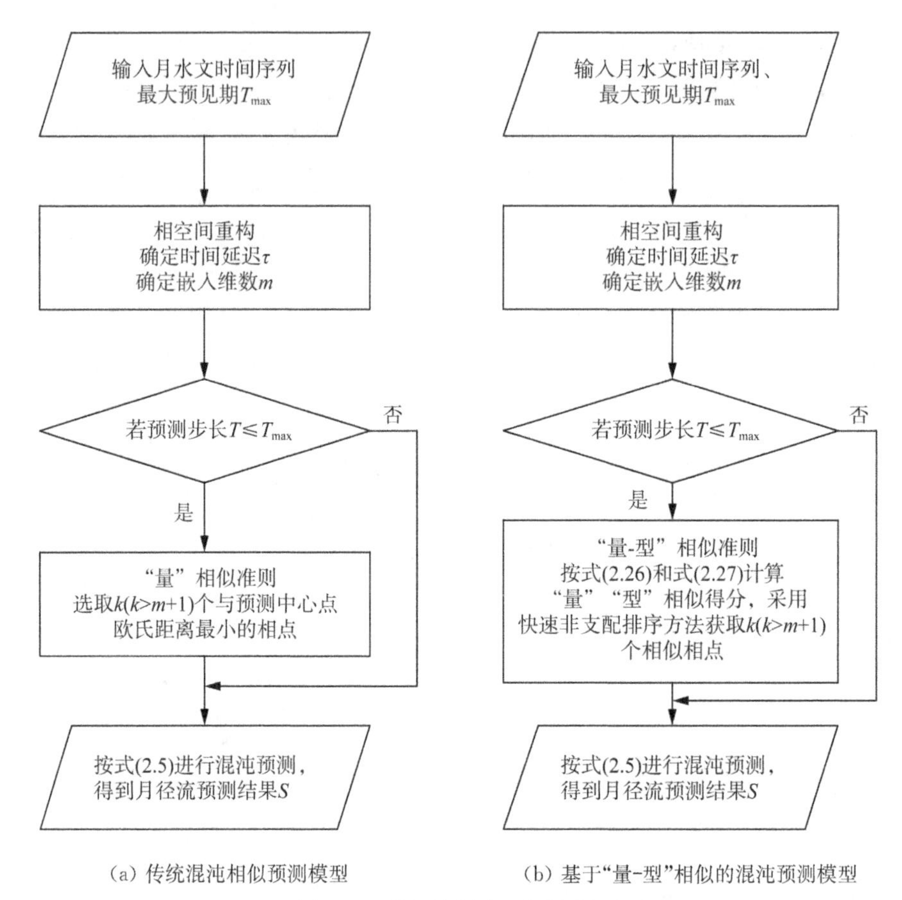

(a) 传统混沌相似预测模型　　(b) 基于“量-型”相似的混沌预测模型

图 2.7　月径流混沌预测流程图

列。模型(1)～(2)为基于单变量(时间序列)的混沌预测模型，模型(3)～(6)为基于多变量的混沌预测模型。在模型(3)～(6)中，对月蒸发序列的嵌入维数试算 7、8、9 三个值，试算发现当嵌入维数为 7 时月径流预测精度最高，因此选择月蒸发序列的最优嵌入维数为 7。

表 2.4　月径流混沌预测模型列表

模型编号	模型输入序列	应用方法
(1)	Q	基于时间序列的“量”相似混沌预测
(2)	Q	基于时间序列的“量-型”耦合相似混沌预测
(3)	Q、P、E	基于多变量的“量”相似混沌预测
(4)	Q、P、E	基于多变量的“量-型”耦合相似混沌预测
(5)	Q、P、E、Q_m	耦合模拟信息的多变量“量”相似混沌预测
(6)	Q、P、E、Q_m	耦合模拟信息的多变量“量-型”耦合相似混沌预测

根据锦屏一级水库1982—2017年的月入库径流序列，应用前述六种不同的混沌预测模型，对2013年1月至2017年11月的径流进行预测。其中，1月份月径流的预见期为一个月，2月份月径流的预见期为两个月，以此类推，12月份月径流的预见期为一年(类似于在年初1月对未来一年的逐月径流进行预测)。采用*NSE*、*KGE*、*RMSE*、*MAE*、*RB*和*R*评价模型预测精度，结果统计见表2.5。

表2.5　基于混沌理论的月径流预测精度统计

模型编号	*NSE*	*KGE*	*RB*(%)	*RMSE*(m^3/s)	*MAE*(m^3/s)	*R*
(1)	0.81	0.89	5.1	386	248	0.91
(2)	0.82	0.90	4.8	370	227	0.92
(3)	0.82	0.90	3.0	368	212	0.92
(4)	0.84	0.89	4.1	352	203	0.93
(5)	0.83	0.88	4.3	359	202	0.93
(6)	0.87	0.90	3.9	321	186	0.94

由表2.5可以看出：①模型(2)、(4)、(6)(“量-型”耦合相似模型)与模型(1)、(3)、(5)(“量”相似模型)相比，*NSE*指标值分别增长了0.01、0.02、0.04，*RMSE*指标值分别降低了16 m^3/s、16 m^3/s、38 m^3/s，*MAE*指标值分别降低了21 m^3/s、9 m^3/s、16 m^3/s，说明相比于“量”相似准则，“量-型”耦合相似准则有助于提高月径流混沌预测的精度。②模型(1)～(2)(基于时间序列的单变量混沌模型)在月径流预测中取得的*NSE*值在0.81～0.82之间，*KGE*值在0.89～0.90之间，*RMSE*最小值为370 m^3/s，*RB*值在5.0%左右。模型(3)～(6)(基于多变量的混沌预测模型)在月径流预测中取得的*NSE*值在0.82～0.87之间，*KGE*值在0.88～0.90之间，*RMSE*最小值为321 m^3/s，*RB*值在3.0%～4.3%之间。总体来说，多变量混沌预测模型在锦屏一级水库月入库径流预测中的应用效果优于单变量混沌预测模型，说明多变量的引入可以为混沌预测提供更加丰富的信息。③模型(5)的预报精度略高于模型(3)，模型(6)的预报精度亦高于模型(4)，如模型(6)的*NSE*值比模型(4)高0.03。由此可见，引入月径流模拟序列构建多变量混沌预测模型的应用效果较好。原因可能在于月径流模拟序列在一定程度上反映了流域的径流形成机制，有利于提高月径流预测精度。④各混沌预测模型的*RB*值基本在5%以内，该指标反映了年总水量的预测偏差，说明各模型的预报系统偏差较小。另外，各模型的*NSE*值均在0.80以上，*KGE*值在0.88～0.90之间，*R*值均在0.90以上，说明月径流预测系列与实测系列具有较好的一致性，整体上各混沌预测模型在锦屏一级月入库径流预报中

取得了较好的应用效果。

月径流预测值与实测值对比散点图，如图 2.8 所示。从图中可以看出模型预测值与实测值的散点基本均匀分布于 1∶1 线两侧，结合表 2.5 中的相关系数统计值，可以看到模型(6)的结果比较集中于 1∶1 线附近，相关系数也更大。

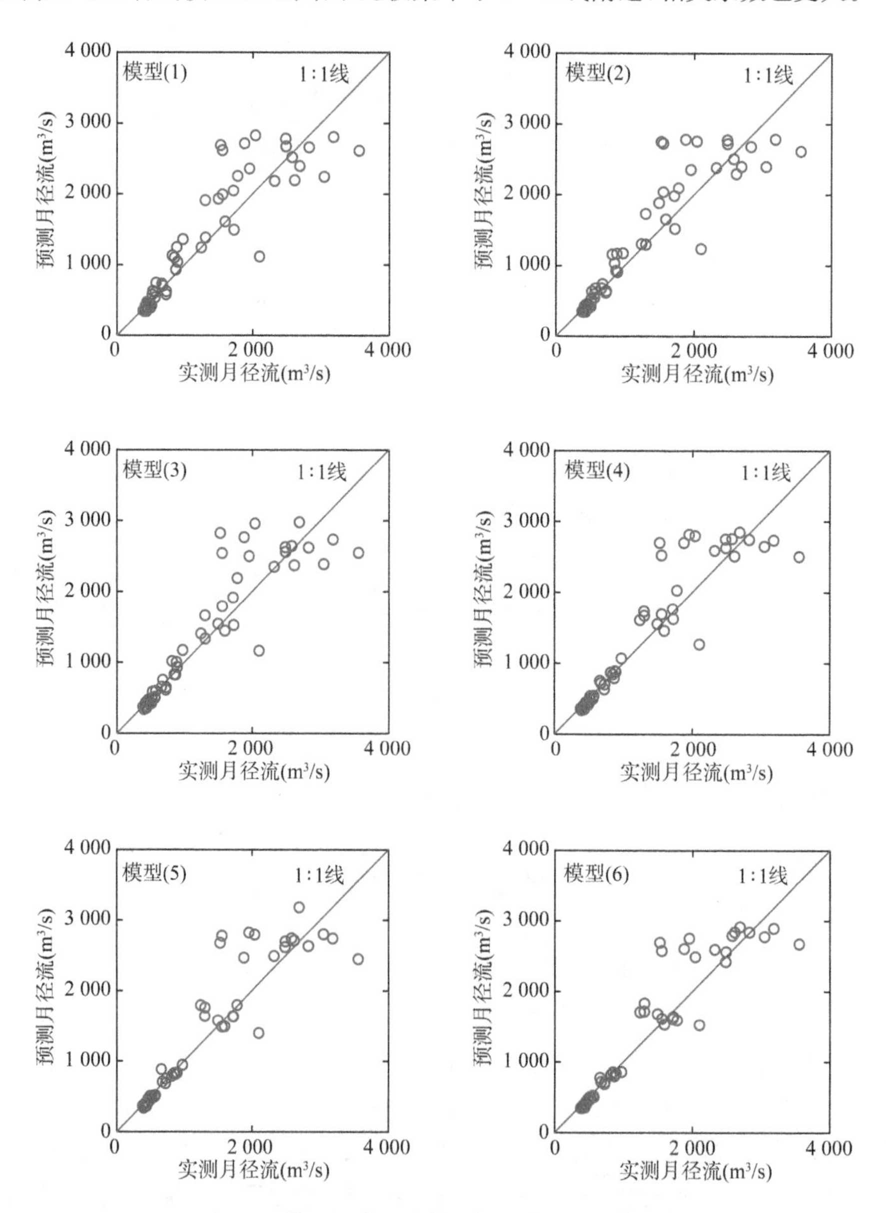

图 2.8　基于混沌理论的月径流预测结果散点图

各月径流混沌预测模型的逐月相对误差绝对值平均值(*MARE*)统计如图

2.9 所示。*MARE* 的计算方式如下：

$$MARE = \frac{1}{T}\sum_{t=1}^{T}\frac{|O_t - S_t|}{O_t} \tag{2.31}$$

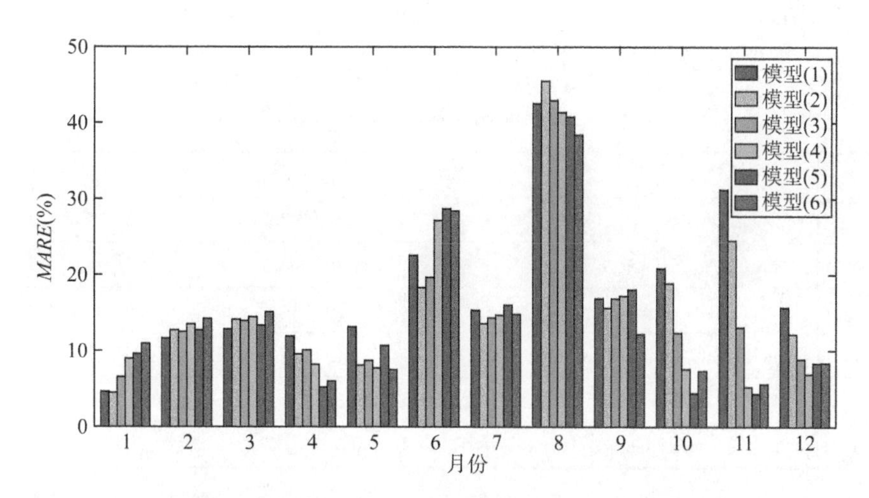

图 2.9　基于混沌理论的月径流预测逐月 *MARE* 值统计

从图中可以看出：(1) 模型(1)～(6)在汛期(5—10)月的相对误差绝对值平均分别为 21.9%、20.0%、19.2%、19.3%、19.8%、18.1%，在非汛期(1—4 月、11—12 月)的相对误差绝对值平均分别为 14.7%、12.9%、10.9%、9.5%、9.4%、10.0%。总体来说，汛期的 *MARE* 较非汛期的 *MARE* 高出 7%～10%。这是因为非汛期的径流变化较为平缓，而汛期的径流变化相对剧烈。(2) 随着预见期的增长，各月径流混沌预测模型的 *MARE* 有一定扩大，如 1—5 月各模型的 *MARE* 均在 15%以内，6—8 月各模型的 *MARE* 值增加到 15%～45%。(3) 模型(1)～(6)中 *MARE* 值在 15%以内的分别有 5 个月、7 个月、9 个月、9 个月、8 个月、9 个月，它们的逐月平均 *MARE* 值分别为 18.3%、16.5%、15.0%、14.4%、14.6%、14.0%。由此可见，在大多数月份中各混沌预测模型的 *MARE* 值较低，其中，耦合月径流模拟序列的多变量“量-型”混沌相似模型表现较优。

2.4.2　考虑预见期降水的径流预报

2.4.2.1　NMME 数值月降水产品

北美多模型集合(North American Multi-Model Ensemble，NMME)是 2011 年由美国国家环境预报中心和加拿大国家气象中心联合发布的多模式集合季节预报系统数据集。该数据包含 1982 年到 2010 年回报数据和 2011 年到 2017 年的实时气象预报数据。其时间分辨率为逐月，覆盖范围为全球，水平空间分辨率为 1°。选择 NMME 中的 6 个应用较广泛的气候预报模式，每个模式包含 6～28 个集合成员，预见期为 0.5～11.5 个月。各模式的名称、缩写、集合成员和预见期见表 2.6。其中 0.5 个月预见期是指在月初对本月发布预报结果[151]。

表 2.6　NMME 中 6 个气候模式的具体信息

序号	名称	缩写	集合成员	预见期
1	COLA-RSMAS-CCSM3	M1	6 个模式	0.5～11.5 个月
2	COLA-RSMAS-CCSM34	M2	10 个模式	0.5～11.5 个月
3	GFDL-CM2p1-aer04	M3	10 个模式	0.5～11.5 个月
4	GFDL-CM2p5-FLOR-A06	M4	12 个模式	0.5～11.5 个月
5	GFDL-CM2p5-FLOR-B01	M5	12 个模式	0.5～11.5 个月
6	NCEP-CFSv2	M6	24/28 个模式	0.5～9.5 个月

首先对原始月降水产品进行分析评估。本次以雅砻江锦屏一级水库以上流域为例，选取 1982—2017 年的各气候模式预报月降水数据，以其集合成员的月降水预报均值作为控制预报结果，以 CN05 格点化观测月降水数据集为实测值，分析流域面平均尺度上月预报降水与月实测降水之间的差异。月实测降水与各模式的月平均预报降水之间的关系（预见期为 1 个月），如图 2.10 所示，其中圆圈表示不同模式的月降水预报均值，红线表示月降水实测过程。从图中可以看出各模式预报结果均呈现出不同程度的偏高。

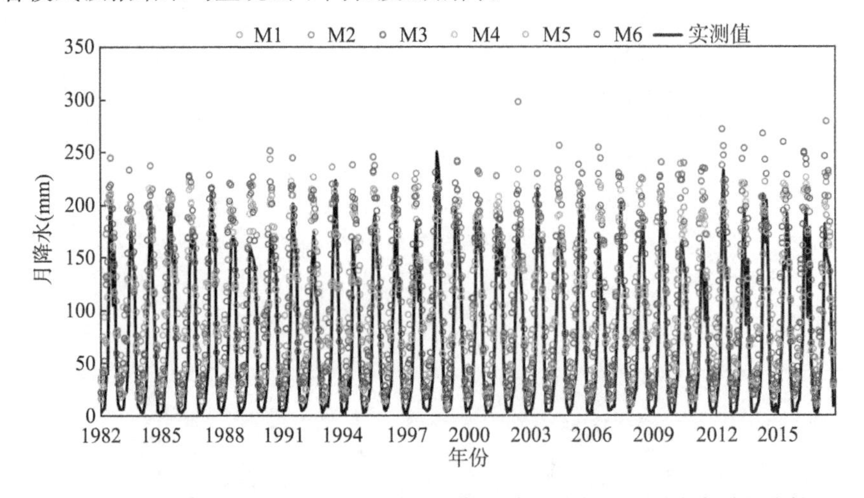

图 2.10　锦屏一级水库以上各模式月预报降水均值与月实测降水过程比较

各模式的 *KGE*、*RB*、*RMSE*、*R* 指标统计结果见表 2.7。由表可知:(1) 各模式月降水预报均有一定高估,其中 M4 和 M5 的相对偏差 *RB* 值略小于其他模式,约为 38%。其余大部分模式的 *RB* 值超出了 50%,M2 的高估程度最大。(2) 各模式的月降水预报值与月降水实测值的相关性较高,*R* 值基本在 0.86~0.94 之间。其中 M4 和 M5 的 *R* 值最高,M1 的 *R* 值最低。(3) 从 *KGE* 指标来看,M4 和 M5 模式的预报精度相对其他模式高一些,在 0.6 左右;其次是 M3(*KGE* 值为 0.52)和 M6(*KGE* 值为 0.45)。(4) 在 *RMSE* 指标上,M4 和 M5 的值优于其他模式,基本在 35 mm 左右。

表 2.7 各模式月预报降水与实测降水的评价指标统计(校正前)

模式	*KGE*	*RB*(%)	*RMSE*(mm)	*R*
M1	0.33	55.8	54.2	0.86
M2	0.32	66.7	55.1	0.90
M3	0.52	45.7	45.0	0.91
M4	0.61	38.1	35.1	0.94
M5	0.61	38.9	35.5	0.94
M6	0.45	54.2	46.5	0.92

绘制不同预见期下各模式月降水预报精度的泰勒图,如图 2.11 所示。图中纵轴为标准差,弧度轴为实测与预报系列的相关系数,绿色虚线轴表示中心化的均方根误差(*RMSE*)。参考点黑色圆圈表示实测系列,模式点越靠近参考点表示其预报性能相对较好。由图可知:各模式在不同预见期上的总体精度差异较小。在各预见期下,M4 和 M5 的模式点距离参考点最近,取得了较高的相关系数(大部分预见期下 *R* 值大于 0.93)以及较低的 *RMSE*(基本在 30 mm 以内),说明 M4 和 M5 的预报性能较其他模式更优。其次是 M6,其模式点的相关系数在 0.91~0.94 之间,只是在 *RMSE* 上略大于 M4 和 M5。从与参考点的距离来看,M2 和 M3 的预报性能相当,M1 的预报性能相对要差一些。

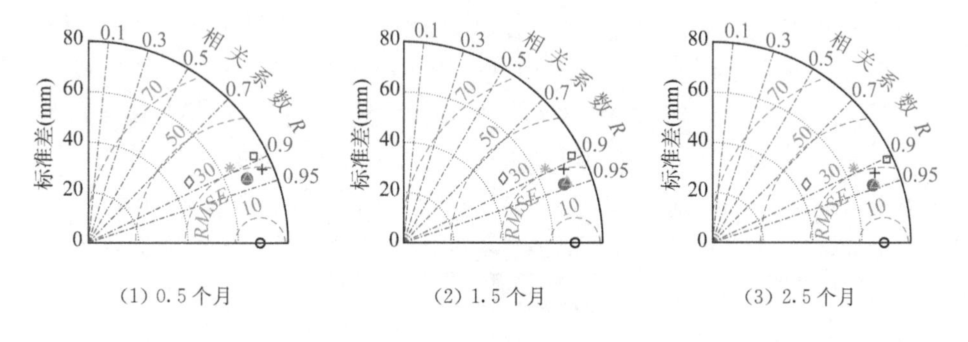

(1) 0.5 个月　(2) 1.5 个月　(3) 2.5 个月

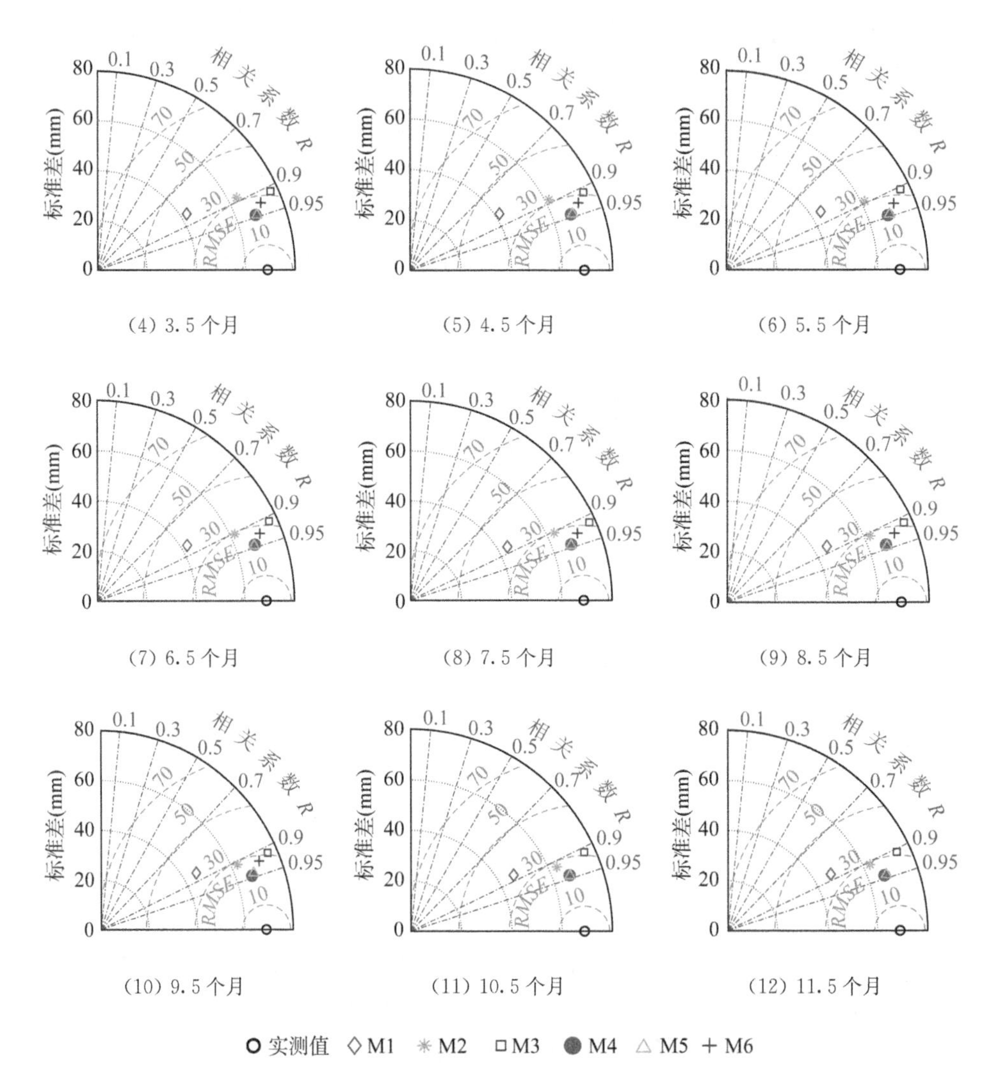

图 2.11　锦屏一级水库以上各模式月预报降水与月实测降水的泰勒图

总体来看,6 个气候模式对雅砻江流域锦屏一级水库以上的月降水预报效果有待提高,原因有以下两方面。一方面,雅砻江流域降水受高空西风环流及西南季风影响,气候系统变化复杂,且流域内地形复杂,岭谷高差悬殊,气候在不同的地区和高程均有比较显著的差异,这使得气候模式难以准确模拟降水过程。另一方面,气候模式的空间分辨率较低,对网格内降水空间变异考虑不足,一定程度上增加了气候模式预报降水的不确定性,使得雅砻江流域降水预报精度不足。因此,需要对各模式降水产品进行校正。

2.4.2.2　基于LSTM模型的月降水产品校正

长短期记忆神经网络(Long Short Term Memory,LSTM)是一种特殊的循环神经网络(Recurrent Neural Network,RNN)模型,可以克服RNN训练过程中的梯度消失和梯度爆炸等问题[152-153]。LSTM与RNN的主要区别在于它构造了可决定丢弃或保存信息的遗忘门f_t、决定更新单元状态的输入门i_t、决定下一状态所带信息的输出门o_t等结构,能够选择性地控制当前输入信息及历史信息对LSTM记忆单元传输状态的影响,如图2.12所示。图中,x_t和y_t分别为t时刻的单元输入与输出,C_t、h_t分别为t时刻的记忆单元状态、隐藏细胞状态。⊗和⊕分别代表元素积和元素和。σ和tanh分别表示激活函数sigmoid和tanh,前者的值域在0到1之间,用于表达"门"的开关状态,后者的值域在−1到1之间,用于更新记忆单元状态和单元输出。

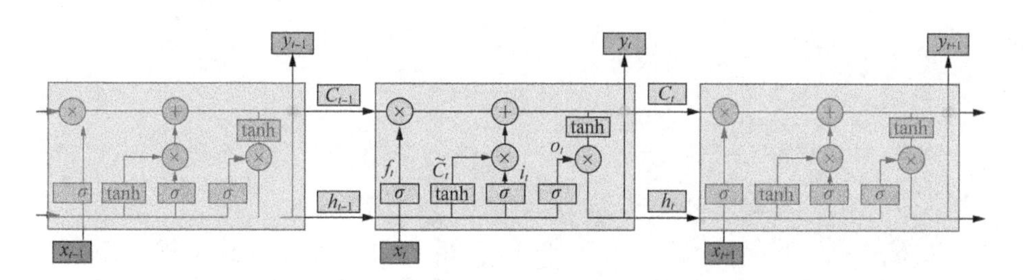

图2.12　LSTM记忆单元内部结构图

LSTM模型中记忆单元t时刻的计算步骤如下。

Step 1:利用遗忘门计算t时刻需要丢弃的历史信息。将h_{t-1}和x_t的信息同时输入sigmoid激活函数中得到遗忘门的状态。若f_t为0表示丢掉全部历史信息,若f_t为1表示保留全部历史信息。

$$f_t=\sigma(\boldsymbol{W}_f[x_t,h_{t-1}]+\boldsymbol{b}_f) \tag{2.32}$$

式中,$\boldsymbol{W}_f$为遗忘门的权重矩阵,$\boldsymbol{b}_f$为遗忘门的偏置向量。

Step 2:利用输入门计算t时刻保留的输入信息,将h_{t-1}和x_t的信息同时输入sigmoid激活函数中得到输入门的状态。若i_t为0表示丢掉全部历史信息,若i_t为1表示保留全部历史信息。将h_{t-1}和x_t的信息输入tanh激活函数,得到新的候选细胞状态$\tilde{C}_t$。$\tilde{C}_t$的信息有可能被更新到t时刻的记忆单元状态。

$$i_t=\sigma(\boldsymbol{W}_i[x_t,h_{t-1}]+\boldsymbol{b}_i) \tag{2.33}$$

$$\tilde{C}_t = \tanh(\boldsymbol{W_c}[x_t, h_{t-1}] + \boldsymbol{b_c}) \tag{2.34}$$

式中，$\boldsymbol{W}_i$ 为输入门的权重矩阵，$\boldsymbol{b}_i$ 为输入门的偏置向量，$\boldsymbol{W}_c$ 为计算候选状态的权重矩阵，$\boldsymbol{b}_c$ 为计算候选状态的偏置向量。

Step 3：将旧的单元信息 C_{t-1} 更新为 t 时刻的单元信息 C_t。通过遗忘门丢弃旧单元信息 C_{t-1} 的一部分，再通过输入门添加候选信息 $\tilde{C}_t$ 的一部分，两者求和得到新的单元信息 C_t。

$$C_t = f_t C_{t-1} + i_t \tilde{C}_t \tag{2.35}$$

Step 4：将 h_{t-1} 和 x_t 的信息放进输出门，经过 sigmoid 激活函数计算出输出门状态 o_t。将 t 时刻细胞状态 C_t 经过 tanh 激活函数与 o_t 求内积，可以得到新的细胞隐藏状态 h_t。将 h_t 作为 t 时刻的记忆单元输出，并将 h_t 和 C_t 传输给 $t+1$ 时刻。

$$o_t = \sigma(\boldsymbol{W_o}[x_t, h_{t-1}] + \boldsymbol{b_o}) \tag{2.36}$$

$$h_t = o_t \tanh(C_t) \tag{2.37}$$

式中，$\boldsymbol{W_o}$ 为输入门的权重矩阵，$\boldsymbol{b_o}$ 为输入门的偏置向量。重复上述步骤，可以训练出由多个记忆单元组成的 LSTM 神经网络。

对雅砻江流域锦屏一级 1982—2017 年的逐月入库径流数据进行划分，以 1982—2005 年为率定期、2006—2017 年为验证期，将各气候模式的月降水预报均值作为预报因子、流域实测面平均月降水作为因变量，对各预见期分别采用 LSTM 方法建模。由于 NCEP-CFSv2 缺少预见期 10.5～11.5 个月的月降水预报产品，在这些预见期下的月降水产品校正时以除 NCEP-CFSv2 外的其余 5 个气候模式的月降水预报均值作为预报因子进行建模。本次采用的 LSTM 结构为 3 层 LSTM 层和 1 层全连接层。模型的核心参数采用试错法率定，选取模拟效果最优的参数作为模型参数。结合训练集的数据量，将批次大小设置为 90，迭代次数设置为 100，舍弃率设置为 0.1。

绘制不同预见期下，校正前的 M2 月降水预报值与实测值的散点（红色圆圈）和基于多产品融合校正后的月降水预报值与实测值的散点（蓝色十字），如图 2.13 所示。结合图 2.13 和表 2.7 可以看出，尽管校正前 M2 的月降水预报值与实测值的相关系数整体可达 0.90，但各预见期下校正前的散点存在明显的预报值高估；而校正后的月降水预报值与实测值的相关系数整体在 0.95 左右，且校正后的散点更加均匀地分布于 1∶1 线两侧。这说明校正后的月降水预报值与实测值具有较好的一致性，校正后预报结果的相对偏差得到了明显改善。

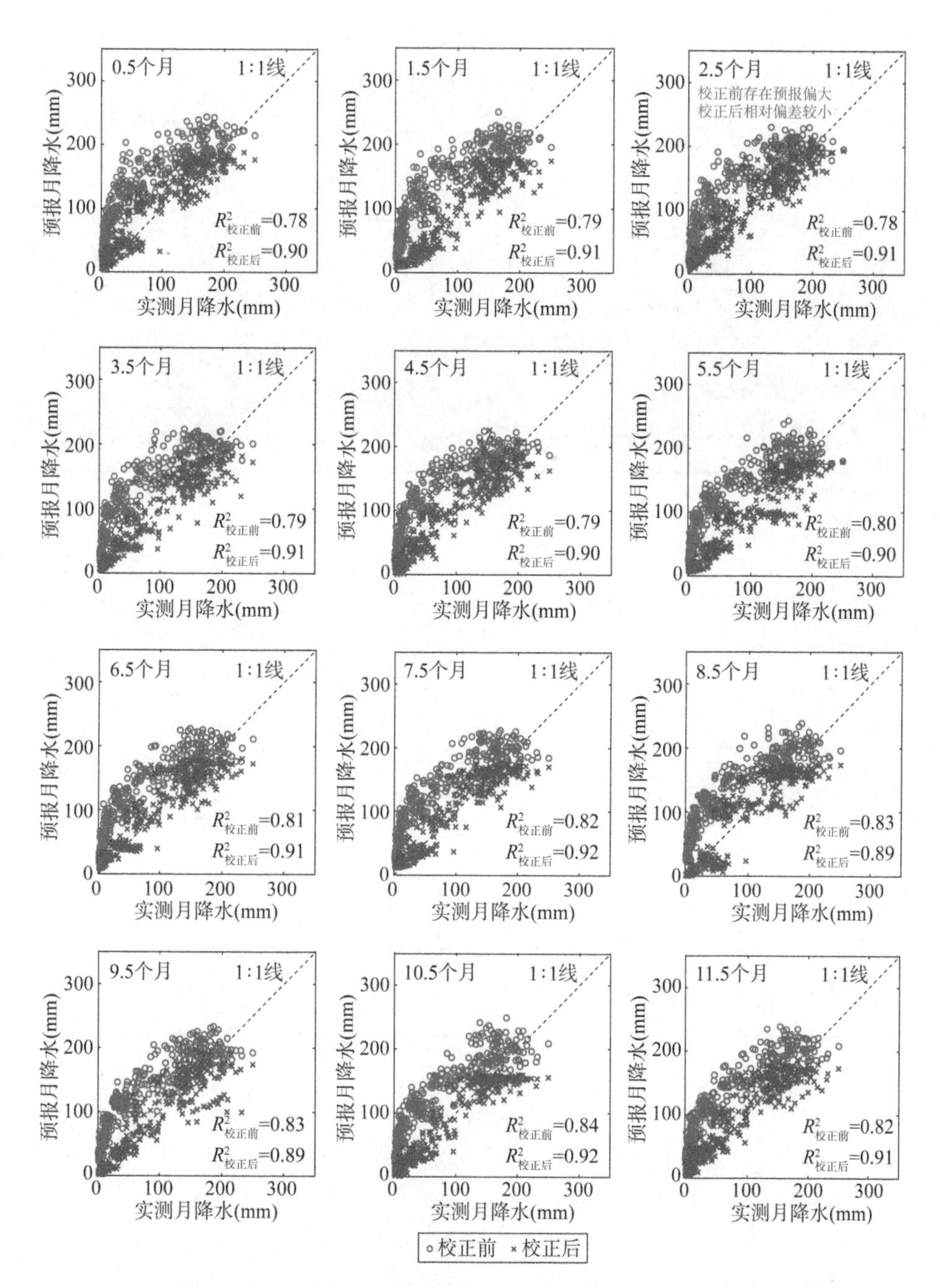

图 2.13　锦屏一级水库以上实测月降水与校正前后的预测月降水相关关系图

采用 *KGE*、*RB*、*RMSE* 和 *R* 等指标评估不同预见期下月预报降水的校正效果,见表 2.8。由表可知:(1) 各模式原始月降水预报的 *KGE* 值在 0.3～

0.6之间,校正后的月降水预报 *KGE* 值基本在0.85～0.89之间,相比于原始预报 *KGE* 值至少提高了40%,说明校正后的月降水预报综合精度较高。(2) 各模式原始月降水预报的 *RB* 值在38%到67%之间,校正后的月降水预报 *RB* 值显著降低,基本在±10%以内,说明校正后的月降水预报总体偏差较小。(3) 各模式原始月降水预报的 *RMSE* 值在35～55 mm之间,校正后的月降水预报 *RMSE* 值至少降低了10 mm。另外,校正后的月降水预报与实测值的相关系数在0.95左右,相较于各模式原始月降水预报与实测值的相关系数有一定提高。总体来看,LSTM模型在研究区的月降水预报校正中有较好的适用性,校正后的月降水预报精度较高。

表2.8 基于LSTM模型的月降水产品校正结果精度统计(校正后)

预见期(月)	*KGE*	*RB*(%)	*RMSE*(mm)	*R*
0.5	0.86	8.7	22.6	0.95
1.5	0.89	−5.2	20.8	0.96
2.5	0.88	9.3	21.3	0.96
3.5	0.87	−2.3	21.6	0.95
4.5	0.89	2.8	21.9	0.95
5.5	0.86	−5.5	23.1	0.95
6.5	0.86	3.4	21.3	0.95
7.5	0.88	2.1	20.3	0.96
8.5	0.88	−9.9	24.0	0.94
9.5	0.89	−4.8	22.8	0.95
10.5	0.85	−5	20.7	0.96
11.5	0.87	5.9	21.7	0.95

2.4.2.3 考虑预见期降水的径流预报结果

首先利用2.2.3节率定的两参数月水量平衡模型,分别根据校正前和校正后的月降水预报值对2013年1月至2017年11月锦屏一级水库的月入库径流进行预测,其中,校正前月降水预报值使用的是精度较高的M4原始预报结果,校正后月降水预报值为2.4.2.2节的多模式融合结果,月蒸散发采用多年平均值代替。为了与月径流混沌预测模型的预见期保持一致,水量平衡模型的输入为当年年初对未来12个月的月降水预报值。预报精度统计见表2.9。从表2.9中可知,月降水预报产品M4直接用于径流预报时其 *NSE* 值小于0.5,

KGE 值小于 0.6，且降水预报值高估导致径流预报值也出现明显高估。相比而言，月降水预报值校正后的径流预报 *NSE* 值达到 0.8 以上，相对偏差降低到 1%左右，*RMSE* 和 *MAE* 值分别降低了约 40%、47%，总体径流预报精度得到了显著改善。

表 2.9　月降水校正前后两参数月水量平衡模型径流预报精度统计

	NSE	*KGE*	*RB*(%)	*RMSE*(m^3/s)	*MAE*(m^3/s)	*R*
校正前	0.46	0.58	36.8	644	487	0.89
校正后	0.81	0.79	−0.9	387	257	0.90

考虑预见期内的月降水过程 P_{fore} 和预见期内的模拟径流 Q_{fore}，将 P_{fore} 和 Q_{fore} 耦合进重构相空间，在此基础上构建多维混沌相似预测模型，见表 2.10。

表 2.10　考虑预见期降水的月径流混沌预测模型列表

模型编号	模型输入序列	应用方法
(F1)	Q、P、P_{fore}、Q_{fore}	基于多变量的“量”相似混沌预测
(F2)	Q、P、P_{fore}、Q_{fore}	基于多变量的“量-型”耦合相似混沌预测
(F3)	Q、P、Q_m、P_{fore}、Q_{fore}	基于多变量的“量”相似混沌预测
(F4)	Q、P、Q_m、P_{fore}、Q_{fore}	基于多变量的“量-型”耦合相似混沌预测

接下来以模型(F1)为例描述建模过程。假设 Q、P 序列的长度为 100，相空间重构参数分别为 $\tau_1=\tau_2=3$，$m_1=m_2=3$，P_{fore}、Q_{fore} 序列的长度为 3，则重构相空间 $\boldsymbol{Y}$ 如式(2.38)所示。其中相点 $Y(1)=(Q_7,Q_4,Q_1,P_7,P_4,P_1)$。当预报 Q_{102} 时，以相点 $Y(95)$ 为预报中心点，在重构相空间中寻找其相似点集，将相似点的下一个相点作为 $Y(96)$ 的参考点用于混沌预测，以此类推对未来一年的逐月径流进行预测。

$$\boldsymbol{Y}=\begin{bmatrix} Y(1) \\ \vdots \\ Y(94) \\ Y(95) \\ Y(96) \\ Y(97) \end{bmatrix}=\begin{bmatrix} Q_7 & Q_4 & Q_1 & P_7 & P_4 & P_1 \\ \vdots & \vdots & \vdots & \vdots & \vdots & \vdots \\ Q_{100} & Q_{97} & Q_{94} & P_{100} & P_{97} & P_{94} \\ Q_{101}^{\text{fore}} & Q_{98} & Q_{95} & P_{101}^{\text{fore}} & P_{98} & P_{95} \\ Q_{102}^{\text{fore}} & Q_{99} & Q_{96} & P_{102}^{\text{fore}} & P_{99} & P_{96} \\ Q_{103}^{\text{fore}} & Q_{100} & Q_{97} & P_{103}^{\text{fore}} & P_{100} & P_{97} \end{bmatrix} \tag{2.38}$$

根据雅砻江流域锦屏一级 1982—2017 年的月入库径流序列，考虑预见期月降水预报值，应用前述四种不同的混沌预测模型，对 2013 年 1 月至 2017 年

11 月的径流进行预测。相空间重构参数与 2.4.1 节相同。采用 *NSE*、*KGE*、*RMSE*、*MAE*、*RB*、*R* 评价模型预测精度，结果统计见表 2.11。

表 2.11　考虑预见期降水的月径流混沌预测精度统计

预见期降水	指标	(F1)	(F2)	(F3)	(F4)
校正前	*NSE*	0.77	0.80	0.77	0.82
	KGE	0.85	0.87	0.82	0.88
	RB(%)	5.0	6.5	−11.1	1.6
	RMSE(m^3/s)	422	397	416	375
	MAE(m^3/s)	252	247	279	246
	R	0.90	0.91	0.89	0.90
校正后	*NSE*	0.83	0.85	0.84	0.89
	KGE	0.91	0.92	0.87	0.90
	RB(%)	3.7	2.7	−4.9	−4.0
	RMSE(m^3/s)	357	338	349	289
	MAE(m^3/s)	231	209	222	192
	R	0.92	0.93	0.92	0.95

对比表 2.5 和表 2.11 可知：(1) 以校正前的 M4 月降水预报作为模型(F1)～(F4)的输入时，径流预报的精度比不考虑预见期降水的模型(模型(3)～(6))要低得多，其中 *NSE* 值基本降低了 0.05，*KGE* 值降低范围为 0.02～0.06，*R* 值降低范围为 0.02～0.04，*RMSE*、*MAE* 均存在不同程度的升高。不考虑预见期降水的模型，其 *RB* 值范围基本在 5%以内，而考虑 M4 月降水预报的模型，*RB* 值最大达到−11.1%。这说明引入未经校正的月降水预报，会将降水预报的误差一定程度上传递到混沌预测模型中，导致径流预报精度降低。(2) 以校正后的月降水预报作为模型(F1)～(F4)的输入时，径流预报的精度相比于考虑预见期降水的混沌预测模型要高一些，如 *NSE*、*KGE* 和 *R* 值都出现一定增长，说明考虑预见期降水对于提高多维混沌相似预测模型在径流预报中的应用效果有一定帮助。(3) 总体来看，采用“量-型”耦合相似准则的模型(如(F2)和(F4))所取得的径流预报精度高于采用“量”相似准则的模型(如(F1)和(F3))。其中，*NSE* 值的提高幅度在 0.02～0.05 之间，*KGE* 值的增长幅度在 0.02～0.06 之间，*R* 值提高范围为 0.01～0.03，*RMSE* 值下降范围为 5.4%～17.2%，*MAE* 值下降范围为 2.2%～13.7%。

对比表 2.9 和表 2.11 可知：无论是采用校正前还是校正后的月降水预报值，考虑多变量的混沌预测模型比将校正前月降水预报值直接应用两参数月水量平衡模型的径流预报效果好一些。这说明将考虑径流形成机制的水文物理概念模型和基于数据信息的混沌相似挖掘模型耦合有利于提高中长期径流预报精度。综合表2.5、表2.9至表2.11中各模型的月径流预报结果，从*NSE*指标来看，考虑校正后的预见期月降水过程的多变量"量-型"耦合相似混沌预测模型(F(4))的应用效果最佳。这是因为该模型以水文历史实测信息、预见期气象预报信息和水量平衡模型模拟信息为数据源，将多源数据相似性度量融入多维混沌相空间重构，利用多源数据"量-型"耦合相似充分挖掘了水文气象数据中蕴含的信息。

月降水预报校正前后锦屏一级水库月入库径流预测与实测值对比散点如图2.14所示。从图中可以看出与校正前相比，校正后的径流预测值与实测值组成的散点更集中于1∶1线附近，且由表2.11可知校正后的预测值与实测值的相关系数也更大。

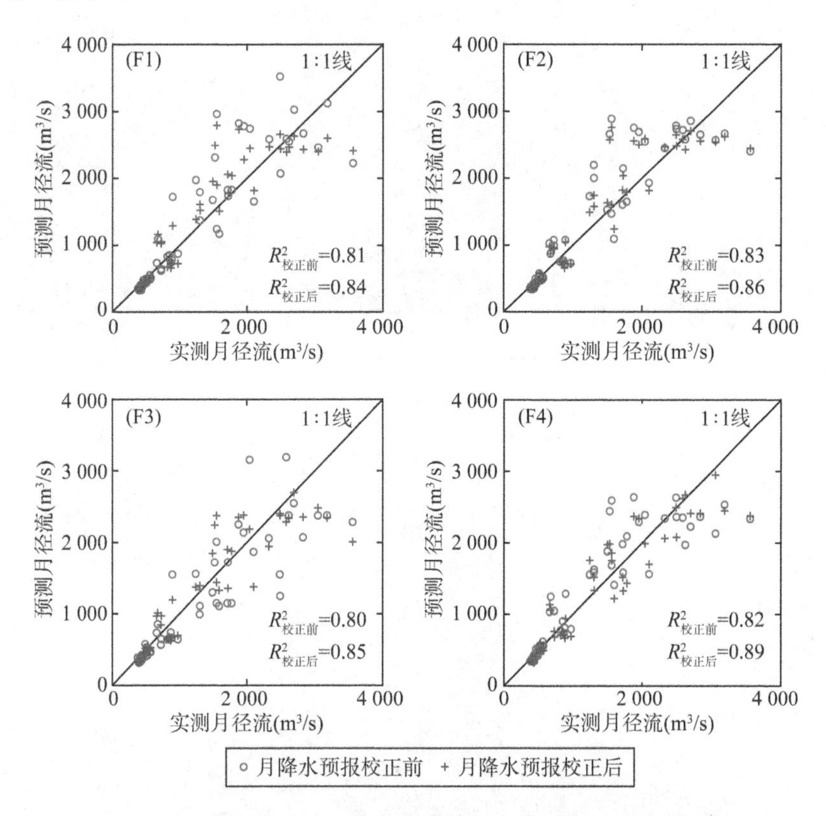

图2.14　月降水预报校正前后基于混沌理论的月径流预测结果散点图

考虑预见期降水时各月径流混沌预测模型的逐月相对误差绝对值平均值(*MARE*)统计如图2.15所示。由图可知：(1) 采用校正前的月降水预报时，模型(F1)～(F4)汛期(5—10)月的相对误差绝对值平均分别为26.7%、27.3%、24.4%、27.4%,在非汛期(1—4月、11—12月)的相对误差绝对值平均分别为11.0%、10.4%、16.4%、8.7%。采用校正后的月降水预报时,模型(F1)～(F4)汛期(5—10)月的相对误差绝对值平均分别为25.4%、21.3%、20.8%、18.7%,在非汛期(1—4月、11—12月)的相对误差绝对值平均分别为11.0%、12.2%、13.3%、12.1%。可以看出,月降水预报值校正前后汛期的*MARE*较非汛期的*MARE*分别高出8%～19%、7%～14%。模型(F4)在汛期的*MARE*值有明显改善,虽在非汛期略有变差,但*MARE*值仍在15%以内。总体来说,非

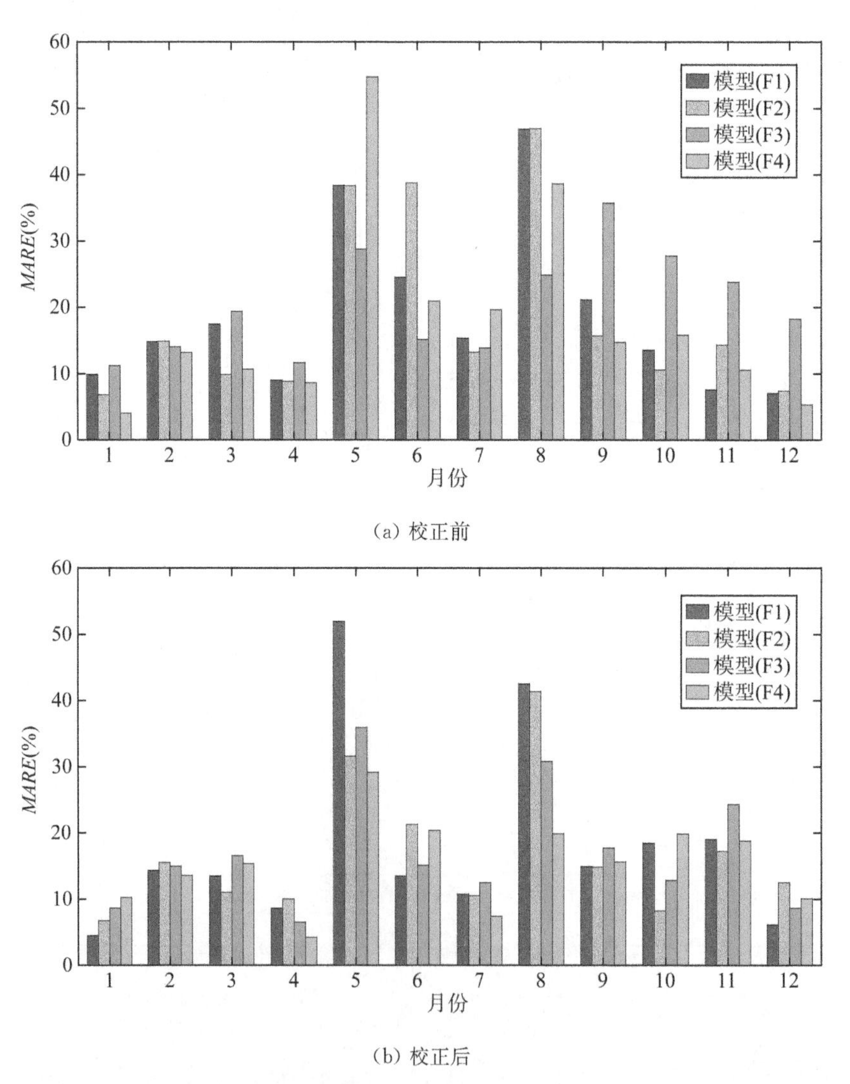

(a) 校正前

(b) 校正后

图2.15 月降水预报校正前后的月径流混沌预测逐月*MARE*值统计

汛期处于退水期，径流变化较为平缓，故其预报精度高于汛期。(2) 随着预见期的增长，各月径流混沌预测模型的 *MARE* 有一定扩大，如 1—4 月各模型的 *MARE* 在 15%左右，5—8 月各模型的 *MARE* 值增加到 20%～50%。(3) 采用校正前的月降水预报时，模型(F1)～(F4)中 *MARE* 值在 15%以内的分别有 6 个、8 个、4 个、7 个，它们的逐月平均 *MARE* 值分别为 18.8%、18.8%、20.4%、18.1%。采用校正后的月降水预报时，模型(F1)～(F4)中 *MARE* 值在 15%以内的分别有 8 个、7 个、6 个、5 个，它们的逐月平均 *MARE* 值分别为 18.2%、16.7%、17.1%、15.4%。

2.5　小结

本章在多维混沌理论的框架下，以水文历史实测信息、预见期气象预报信息和水量平衡模型模拟信息为数据源，将多源数据相似性度量融入多维混沌相空间重构，建立了基于多维混沌相似的中长期径流预报方法。该方法对传统的混沌相似预测模型进行改进，将以欧氏距离描述两个相点的空间接近程度定义为“量”相似，以 Spearman 秩相关系数描述两个相点的内部结构相似程度定义为相点的“型”相似，提出了基于“量-型”耦合相似的混沌预测方法；建立双目标相似点寻优模型并采用快速非支配排序方法求解，得到预测所需的相似点集，从而实现中长期径流混沌预测。改进后的方法不仅考虑了历史水文信息，同时利用长短期记忆神经网络模型对数值月降水产品(NMME)进行校正，通过两参数月水量平衡模型考虑了历史降水蒸发信息、植被季节变化和未来预见期降水对径流演变的影响。在雅砻江流域锦屏一级月入库径流预报的应用结果表明：(1) 与“量”相似模型相比，“量-型”耦合相似模型取得的预测精度更高，说明所提“量-型”耦合相似模型的有效性。(2) 多变量混沌预测模型在月径流预测中的应用效果优于单变量混沌预测模型，说明多变量的引入可以为混沌预测提供更加丰富的信息。(3) 一方面，引入未经校正的月降水预报，会将降水预报的误差一定程度上传递到混沌预测模型中，导致径流预报精度下降。另一方面，相比于考虑未校正的预报月降水产品，考虑校正后预报月降水的多变量“量-型”耦合相似混沌预测模型更优。

第三章

基于多策略融合的多目标蝴蝶优化算法

3.1 引言

水库群优化调度通常涉及防洪、发电、生态、供水、航运等目标,各目标之间存在一定程度的冲突关系,很难得到使所有目标同时达到最佳状态的调度方案,属于典型的复杂系统多目标优化问题。多目标优化问题的求解方式主要有两种:(1) 借助转化约束、赋权、理想点或惩罚函数等方法将多目标优化问题降维成单目标优化问题,再利用单目标优化方法求解;(2) 利用能够同时优化多个相互冲突目标的多目标进化算法直接求解[154-156]。第一种方法在实际应用时权重设定依赖主观经验,难以得到客观准确的优化结果,一次计算只能得到一个解,且只能逼近凸的 Pareto 前沿。第二种方法的计算效率更高,一次计算可得到一组 Pareto 最优解集,且对于 Pareto 前沿不连续、不可微、非凸等情况均有良好的鲁棒性,应用更为广泛。近年来,多目标进化算法得到了长足的发展,涌现了许多性能优秀的算法,如多目标粒子群算法(MOPSO)[157]、非支配排序遗传算法(NSGA-Ⅱ)[158]、多目标花朵授粉算法(MOFPA)[159]、基于分解的多目标进化算法(MOEA/D)[160]等。2019 年,Arora 等[161]基于蝴蝶觅食行为提出了一种新型启发式智能优化算法——蝴蝶优化算法(Butterfly Optimization Algorithm, BOA)。与现有的一些智能优化算法相比,BOA 算法操作简单、调整的参数少、鲁棒性好,并在工程实践的初步应用中取得了良好效果[162]。在现有研究中发现,BOA 的收敛速度和寻优精度要明显优于差分进化算法、粒子群优化算法、遗传算法等,但也存在容易陷入局部最优的问题[163]。BOA 及其改进算法已经在单目标优化领域展示出一定优势,但尚未应用于求解多目标优化问题。因此,本章在已有研究的基础上将 BOA 拓展到多目标蝴蝶优化算法(Multi-objective Butterfly Optimization Algorithm, MOBOA)。

本章提出了一种基于多策略融合的多目标蝴蝶优化算法(MOBOA)。该算法借鉴文献[164]中的两阶段策略,先将问题降维成单目标优化问题,利用单目标优化器计算一组准最优解加入初始种群,并结合 Halton 序列进行种群初始化,增强了初始种群的多样性及均匀性;提出动态切换概率策略,有效平衡算法的全局搜索和局部搜索进程;通过种群引导机制改善全局搜索公式,引入莱维飞行和多项式变异算子,提高算法的优化效率和解集质量,并建立外部归档集来储存搜索到的非支配解。选取 ZDT、DTLZ 系列经典测试函数进行仿真实验,将 MOBOA 与 MOPSO、NSGA-Ⅱ、MOFPA 及 MOEA/D 等算法进行对比。实验结果表明,MOBOA 明显提高了 Pareto 解集均匀性,具有更好的收敛精度和稳定性。

3.2 多目标优化问题及相关定义

假设多目标问题中包含 m 个子目标，其决策变量维数为 d。为了不失一般性，本节以最小化为例，将多目标优化问题描述如下：

$$\begin{aligned}\min \quad & \boldsymbol{F}(\boldsymbol{x})=(f_1(\boldsymbol{x}),f_2(\boldsymbol{x})),\cdots,f_m((\boldsymbol{x}))^{\mathrm{T}} \\ s.t. \quad & g_i(\boldsymbol{x})\leqslant 0, i=1,2,\cdots,p \\ & h_i(\boldsymbol{x})=0, i=1,2,\cdots,q \\ & \boldsymbol{x}=(x_1,x_2,\cdots,x_d)^{\mathrm{T}}\in X\end{aligned}\tag{3.1}$$

式中，$\boldsymbol{x}$ 表示 d 维决策向量，$\boldsymbol{F}(\boldsymbol{x})$为 m 维目标向量，$g_i(\boldsymbol{x})$是不等式约束，$h_i(\boldsymbol{x})$是等式约束，p 是不等式的数量，q 是等式的数量。

多目标优化问题通常由多个不可公度、相互冲突的待优化目标组成。某一目标的优化往往以牺牲其他目标为代价，即无法让所有目标同时达到最优，因此多目标优化结果是一组 Pareto 最优解集，集合内各解之间不存在相互支配关系。以式(3.1)所示的最小化问题为例，相关定义如下：

(1) Pareto 支配关系。给定决策向量(解) $\boldsymbol{x}_1$ 和 $\boldsymbol{x}_2$，其相应的目标向量分别为 $\boldsymbol{F}(\boldsymbol{x}_1)=(f_1(\boldsymbol{x}_1),f_2(\boldsymbol{x}_1),\cdots,f_m(\boldsymbol{x}_1))^{\mathrm{T}}$ 和 $\boldsymbol{F}(\boldsymbol{x}_2)=(f_1(\boldsymbol{x}_2),f_2(\boldsymbol{x}_2),\cdots,f_m(\boldsymbol{x}_2))^{\mathrm{T}}$。若 $\forall i=1,2,\cdots,m$ ，均有 $f_i(\boldsymbol{x}_1)\leqslant f_i(\boldsymbol{x}_2)$ 且 $\exists j=1,2,\cdots,m$ ，使得 $f_j(\boldsymbol{x}_1)<f_j(\boldsymbol{x}_2)$ ，则此时 $\boldsymbol{x}_1$ 支配 $\boldsymbol{x}_2$，$\boldsymbol{x}_1$ 为非支配解，$\boldsymbol{x}_2$ 为支配解，记为 $\boldsymbol{x}_1\prec\boldsymbol{x}_2$。即 $\boldsymbol{x}_1$ 支配 $\boldsymbol{x}_2$ 表示：解 $\boldsymbol{x}_1$ 在任何一个子目标上均不大于 $\boldsymbol{x}_2$ 的子目标，且至少在一个子目标上小于 $\boldsymbol{x}_2$ 的子目标。

(2) Pareto 最优解。若在可行域中，$\boldsymbol{x}^*$ 不被任何其他解支配(即 $\neg\exists\boldsymbol{x}\in X:\boldsymbol{x}\succ\boldsymbol{x}^*$)，则称 $\boldsymbol{x}^*$ 为 Pareto 最优解。

(3) Pareto 最优解集(Pareto Optimal Set，POS)。所有 Pareto 最优解组成的集合 $POS=\{\boldsymbol{x}^*\mid\neg\exists\boldsymbol{x}\in X:\boldsymbol{x}\succ\boldsymbol{x}^*\}$ 。

(4) Pareto 最优前沿(Pareto Optimal Front，POF)。所有 Pareto 最优解计算出的目标向量构成的集合 $POF=\{\boldsymbol{F}(\boldsymbol{x})\mid\boldsymbol{x}\in POS\}$ 。

3.3 多目标蝴蝶优化算法研究

3.3.1 蝴蝶优化算法介绍

蝴蝶优化算法(Butterfly Optimization Algorithm，BOA)是模拟自然界中

蝴蝶觅食行为而衍生出的一种新型群智能优化算法。蝴蝶有感受食物和花朵香味的化学感受器，分散在蝴蝶身体的各个部位，如腿、触须等。该算法通过蝴蝶感知和分析空气中的香味，确定食物源的潜在位置，并在觅食过程中通过全局搜索和局部搜索策略不断迭代获得食物源的最佳位置，即待优化问题的最优解。与传统群智能优化算法相比，BOA 算法简洁，且具有较好的收敛速度和寻优精度[165]。目前，BOA 在电路故障诊断[166]、车辆调度[167]、电网运行[168]、路径规划[169]等工程领域均取得了良好的应用效果。在 BOA 中，假设每只蝴蝶都能产生一定强度的香味，且都会感受到周围其他蝴蝶的香味，并朝着散发更强香味的蝴蝶移动。蝴蝶释放出的香味与其适应度有关，这就意味着若一只蝴蝶移动了位置，其适应度也将相应产生变化。香味（*fragrance*）是根据刺激的物理强度来表述的，其计算方式如下：

$$fragrance = cI^{a} \tag{3.2}$$

式中，c 为感觉因子，I 为刺激强度，a 为幂指数。其中刺激强度与蝴蝶（解）的适应度有关。

根据参考文献[161]，标准 BOA 的运行过程简述如下。

(1) 初始化阶段。初始化算法参数：种群规模 N_p，最大迭代次数 $Iter_{\max}$，切换概率 p，感觉因子 c，幂指数 a。在 D 维搜索空间中进行种群初始化，初始种群中蝴蝶个体位置生成公式如下：

$$\boldsymbol{x}_i^0 = \boldsymbol{Lb} + (\boldsymbol{Ub} - \boldsymbol{Lb}) \times \boldsymbol{rand}, i = 1, 2, \cdots, N_p \tag{3.3}$$

式中，$\boldsymbol{x}_i^0$ 表示第 i 只蝴蝶的初始位置，$\boldsymbol{Ub}$、$\boldsymbol{Lb}$ 分别表示决策变量的上限和下限，$\boldsymbol{rand}$ 为 D 维 0～1 随机向量。

(2) 迭代阶段。当蝴蝶感觉到另一只蝴蝶在这个区域散发出更多的香味时，就会去靠近，这个阶段被称为全局搜索；当蝴蝶不能感知大于它自身的香味时，它会随机移动，这个阶段称为局部搜索阶段[170]。生成随机数 R，$R \in [0,1]$，比较 R 与预定义的切换概率 p。若 $R < p$，进入全局搜索阶段（式(3.4)）；反之则进入局部搜索阶段（式(3.5)）。位置更新公式如下：

$$\boldsymbol{x}_i^{t+1} = \boldsymbol{x}_i^t + (r^2 \times \boldsymbol{g}^* - \boldsymbol{x}_i^t) \times fragrance_i \tag{3.4}$$

$$\boldsymbol{x}_i^{t+1} = \boldsymbol{x}_i^t + (r^2 \times \boldsymbol{x}_j^t - \boldsymbol{x}_k^t) \times fragrance_i \tag{3.5}$$

式中，$\boldsymbol{x}_i^t$、$\boldsymbol{x}_i^{t+1}$ 分别表示第 t、$t+1$ 次迭代时第 i 只蝴蝶的位置（解）；$\boldsymbol{x}_j^t$、$\boldsymbol{x}_k^t$ 分别表示第 t 次迭代时第 j、k 只蝴蝶的位置（解）；$\boldsymbol{g}^*$ 表示当前迭代中的最优

蝴蝶的位置(当前最优解);$fragrance_i$ 表示第 i 只蝴蝶的香味;r 是[0,1]之间的随机数。

(3) 终止阶段。当达到最大迭代次数时,终止迭代,输出最优解及其相应的目标函数值。

3.3.2 多目标蝴蝶优化算法

BOA 以其结构简洁、易于实现的特点,成为求解单目标优化问题的一种有效方法。本节对 BOA 进行扩展,建立一种基于多策略融合的多目标蝴蝶优化算法,为求解复杂多目标优化问题提供新的选择。接下来将首先对种群初始化策略、动态切换概率策略、档案精英解引导进化、多项式变异等进行详细阐述,然后总结 MOBOA 算法的应用流程。

(1) 种群初始化策略

蝴蝶优化算法中采用 rand 函数随机初始化种群,容易出现初始种群分布不均、种群多样性不足、初始位置集中于局部极值点附近等情况,导致算法陷入局部最优且搜索缓慢。为了提高初始种群的多样性和均匀性,本节引入 Halton 序列产生伪随机数来初始化种群。Halton 序列是一种低差异序列,有助于产生均匀分布的初始种群,算法迭代时可以快速发现优质解的位置,进而加快算法收敛速度。由 rand 函数和 Halton 序列生成的 1 000 个二维随机数的分布情况如图 3.1 所示。从图中可以看出,Halton 序列产生的随机数在整个搜索空间的分布更均匀,没有局部聚集的情况。

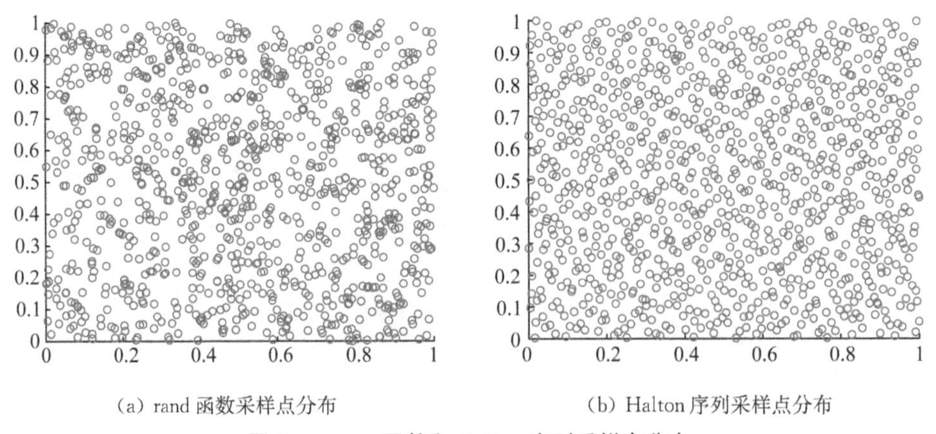

(a) rand 函数采样点分布　　(b) Halton 序列采样点分布

图 3.1　rand 函数和 Halton 序列采样点分布

Halton 序列是基于一定的质数基实现的，其定义如下[171]：

$$\phi_p(n)=\frac{b_0}{p}+\frac{b_1}{p^2}+\cdots+\frac{b_m}{p^{m+1}} \tag{3.6}$$

其中 p 是一个质数，正整数 n 可以 b 为基表示为 $n=b_0+b_1p+\cdots+b_mp^m$，且 $0\leqslant b_j<p$。Halton 序列 $Y^n\in(0,1]^s$ 可表示为 p 的基逆函数：

$$Y_n=(\phi_{p_1}(n),\phi_{p_2}(n),\cdots,\phi_{p_s}(n)) \tag{3.7}$$

其中，$p_1,p_2,\cdots,p_s$ 成对互质。假设 Y_i 是通过 Halton 序列生成的随机数，则生成的初始种群中蝴蝶个体位置为：

$$\boldsymbol{x}_i^0=\boldsymbol{Lb}+(\boldsymbol{Ub}-\boldsymbol{Lb})\times Y_i,i=1,2,\cdots,N_p \tag{3.8}$$

另外，本节借鉴文献[164]中的两阶段策略，通过赋权的方法将多目标问题降维转化成单目标问题，利用单目标优化器(如 BOA)获取一组准最优解 $\boldsymbol{x}_i^{\text{new}}$。将 $\boldsymbol{x}_i^0$ 和 $\boldsymbol{x}_i^{\text{new}}$ 组合作为种群初始化结果，采用非支配排序选择 N_p 只蝴蝶个体进入迭代阶段。

(2) 动态切换概率策略

蝴蝶优化算法中采用一个常量切换概率 p 来控制全局搜索和局部搜索过程。一个合理的搜索过程，在迭代初期往往需要比较强烈的全局搜索，促进个体在整个解空间内搜索所有可能的优势解，迅速定位搜索空间中全局最优解的范围；在迭代后期则需要增强局部搜索，促进种群在当前解的局部区域寻优，并逐步收敛到理想的 Pareto 解集，提升算法的寻优精度[162,172]。因此，常量切换概率 p 不能适应算法迭代的要求。本节提出动态切换概率策略来平衡局部搜索和全局搜索的比重，从而实现更好的寻优策略。动态切换概率 p 的公式如下。

$$p_{\text{new}}=\left|rand(-1,1)\times\left(1-\frac{t}{Iter_{\max}}\right)\right| \tag{3.9}$$

式中，t 是当前迭代次数，$Iter_{\max}$ 是算法的最大迭代次数，$rand(-1,1)$是-1 到 1 之间的随机数。

两次随机运行动态切换概率，其值在 1 000 次迭代过程中的变化如图 3.2 所示。从图中可以看出，在迭代初期切换概率的值通常较大，算法更有可能进入全局搜索；随着迭代次数增加，切换概率的值逐渐下降，算法逐步进入局部搜索阶段。

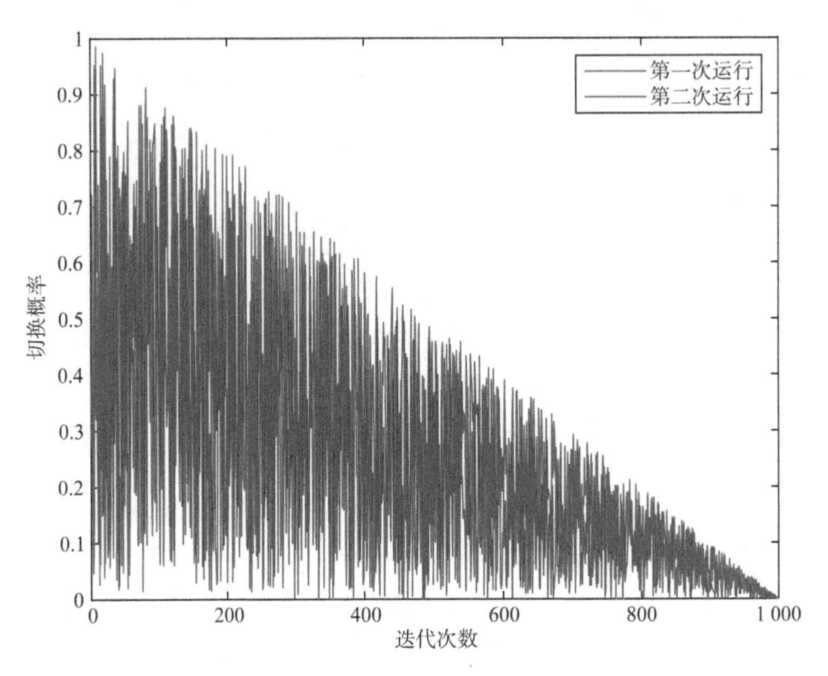

图 3.2　1 000 次迭代下动态切换概率的变化过程(两次运行结果)

(3) 档案精英解引导进化

在迭代过程中,MOBOA 需要最优解来引导进化,其他蝴蝶均向最优解移动,因此最优解的选取较为关键。为了加强种群间的信息交换,本书采用随机方式选取非支配解作为档案精英解来引导全局搜索,采用随机差分策略来引导局部搜索。这种进化方式充分利用种群个体间的信息,可以避免种群个体陷入局部最优,有利于扩展群体的搜索范围,提高算法收敛精度。

当随机数 R 小于切换概率 p 时,进入全局搜索阶段,如式(3.10)所示,此时第 i 只蝴蝶个体的新位置由三方面共同确定:第 i 只蝴蝶的当前位置、精英解 $\boldsymbol{g}_i^*$ 对第 i 只蝴蝶的吸引力、基于莱维飞行的随机扰动。否则进入局部搜索阶段,采用随机差分策略进行种群个体位置更新,如式(3.11)所示。

$$\boldsymbol{x}_i(t+1)=\boldsymbol{x}_i(t)+r_1 L\acute{e}vy(D)+r_2(\boldsymbol{x}_i(t)-\boldsymbol{g}_i^*(t))\times\| fragrance_i - fragrance_{g^*} \|_2 \tag{3.10}$$

$$\boldsymbol{x}_i(t+1)=\boldsymbol{x}_i(t)+r_1 L\acute{e}vy(D)+r_2(\boldsymbol{x}_j(t)-\boldsymbol{x}_k(t))\times\| fragrance_j - fragrance_k \|_2 \tag{3.11}$$

式中，r_1、r_2 均为 0 到 1 之间的随机数，$\mathbf{g}_i^*(t)$ 为第 t 次迭代时第 i 只蝴蝶选取的精英个体的位置，$\| fragrance_i - fragrance_{g^*} \|_2$ 是第 i 只蝴蝶的香味与其对应的精英蝴蝶之间的香味差异，$\| fragrance_j - fragrance_k \|_2$ 是第 j 只和第 k 只蝴蝶之间的香味差异。$Lévy(D)$ 为莱维飞行算子。

随着迭代次数的增加，各蝴蝶个体在进化时的步长变化越来越小，不利于求解具有复杂 Pareto 前沿的多目标优化问题。因此在种群个体位置更新公式中加入莱维飞行算子来加强其随机游走行为，扩大个体的搜索范围，增强种群的多样性。莱维飞行是一种 Markov 随机过程，其变化步长满足一个重尾的 *Lévy* 分布。

$$Lévy(s) \sim | s |^{-1-\beta}, (0 \leqslant \beta \leqslant 2) \tag{3.12}$$

在实际应用中，常用 Mantegna 方法生成服从莱维分布的随机步长[173]：

$$\begin{cases} s = u/| v |^{\frac{1}{\beta}}, u \sim N(0,\sigma_u^2), v \sim N(0,\sigma_v^2) \\ \sigma_u = \left[\Gamma(1+\beta)\sin(\pi\beta/2)/\Gamma\left(\frac{1+\beta}{2}\right)\beta 2^{\frac{\beta-1}{2}}\right]^{\frac{1}{\beta}}, \sigma_v = 1 \end{cases} \tag{3.13}$$

式中，u、v 服从均值为 0，方差分别为 σ_u^2、σ_v^2 的正态分布；Γ 是 gamma 函数。一般 β 取 1.5[174]。

(4) 多项式变异

在蝴蝶优化算法的迭代后期，种群中大部分蝴蝶个体都会向最优个体靠拢，使得种群多样性降低，算法易于陷入局部最优解。因此本书引入多项式变异算子对档案精英解个体位置进行突变，防止算法出现早熟收敛现象。多项式变异算子的计算方式如下：

$$x'(k) = x(k) + \delta[Ub(k) - Lb(k)] \tag{3.14}$$

$$\delta = \begin{cases} [2u + (1-2u)(1-\delta_1)^{\eta_m+1}]^{\frac{1}{\eta_m+1}}, & u < 0.5 \\ 1 - [2(1-u) + 2(u-0.5)(1-\delta_2)^{\eta_m+1}]^{\frac{1}{\eta_m+1}}, & u \geqslant 0.5 \end{cases} \tag{3.15}$$

其中，u 是一个 0 到 1 之间的随机数；η_m 是分布指数，本书取值为 10；$\delta_1 = (v(k) - Lb(k))/(Ub(k) - Lb(k))$，$\delta_2 = (Ub(k) - v(k))/(Ub(k) - Lb(k))$。

综上，本章基于多策略融合的多目标蝴蝶优化算法具体应用的伪代码如下。

算法　基于多策略融合的多目标蝴蝶优化算法 MOBOA
输入:种群规模 N_p,最大迭代次数 $Iter_{max}$,感觉因子 c,幂指数 a,切换概率 p 输出:Pareto 最优解集,Pareto 最优前沿
1:问题降维分解,并采用单目标优化器获取一组准最优解 2:根据公式(3.8),生成基于 Halton 序列的初始种群 3:采用非支配排序方法取前 N_p 个个体作为初始种群,初始化档案精英解,$t=0$ 4:While $t<Iter_{max}$ do 　for $i=1$ to N_p do 5:　　if rand$<p$ then 6:　　　从档案精英解中随机选取 $g*$,根据公式(3.10)进行全局搜索,更新蝴蝶个体位置 7:　　else 8:　　　根据公式(3.11)进行局部搜索,更新蝴蝶个体位置 9:　　end if 10:　　　计算新蝴蝶个体的适应度值,寻找非支配解并更新档案精英解 11:　　　根据公式(3.14)对档案精英解内个体进行多项式变异,保留优势蝴蝶个体 12:　　　根据公式(3.9)更新切换概率 p 13:　　end for 14:　　$t=t+1$ 15:end while 16:输出档案精英解,可得 Pareto 最优解集及 Pareto 最优前沿

3.4　多目标函数测试与算法性能分析

3.4.1　参数设置与测试函数

为了测试 MOBOA 算法的优化性能,将其与 MOPSO[157]、NSGA-Ⅱ[158]、MOFPA[159]、MOEA/D[160]进行比较。测试环境为 Windows 10 操作系统,使用 Matlab R2021a 进行仿真实验测试。参考相关文献,本书中 MOBOA 算法的参数设置如下:切换概率 p 为 0.8,感觉因子 c 为 0.01,幂指数 a 变化范围为[0,1]。此处的对比算法(MOPSO、NSGA-Ⅱ、MOEA/D、MOFPA 等)的参数取值与其对应的参考文献一致。种群规模设置为 100,最大迭代次数设置为 1 000 次。为了避免随机误差对测试结果的影响,针对每个测试函数所有算法均独立运行 20 次。其中 MOPSO、NSGA-Ⅱ、MOEA/D 算法来自 Yarpiz 发布在 Mathwork 网站的代码;MOFPA 来自 Yang 发布的源代码。

本节选用经典的 ZDT 和 DTLZ 系列测试函数进行测试[175-177]。ZDT 系列共包括 6 个测试函数,函数的目标数为 2,其中 ZDT5 测试函数为离散编码,不符合 MOBOA 的编码方式,因此只选用了 ZDT1～4 和 ZDT6 函数。其中,ZDT1 具有均匀的凸 Pareto 前沿,ZDT2 具有凹的 Pareto 前沿,且这两个函数均没有局部最优值。ZDT3 具有 5 段曲线组成的 Pareto 前沿，可测试算法求解非连续 Pareto 前沿优化问题的性能。ZDT4 中不同决策变量的取值范围不同，且具有局部最优解。ZDT6 的 Pareto 前沿与 ZDT1 相似，但分布不均匀。DTLZ 系列是目标数可变的测试函数，我们选用了其中的 DTLZ2、DTLZ4、DTLZ5、DTLZ7，设定函数的目标数为 3。其中 DTLZ2 是一个具有球形 Pareto 前沿的测试函数。DTLZ4 的 Pareto 前沿是有偏的，可测试算法的多样性维持能力。DTLZ5 的 Pareto 前沿是一条空间曲线，可测试算法收敛到曲线的能力。DTLZ7 具有不连通的 Pareto 最优区域，可测试算法在不同 Pareto 最优区域维持子种群的能力。

各测试函数的具体介绍见表 3.1。

表 3.1　多目标测试函数

测试函数	目标个数	函数定义	变量维数	可行域
ZDT1	2	$f_1 = x_1$ $f_2 = g[1-\sqrt{(f_1/g)}]$ $g = 1+9\sum_{i=2}^{D} x_i/(D-1)$	30	[0,1]
ZDT2	2	$f_1 = x_1$ $f_2 = g[1-(f_1/g)^2]$ $g = 1+9\sum_{i=2}^{D} x_i/(D-1)$	30	[0,1]
ZDT3	2	$f_1 = x_1$ $f_2 = g[1-\sqrt{f_1/g}-(f_1/g)\sin(10\pi f_1)]$ $g = 1+9\sum_{i=2}^{D} x_i/(D-1)$	30	[0,1]
ZDT4	2	$f_1 = x_1$ $f_2 = g[1-\sqrt{f_1/g}]$ $g = 1+10(D-1)+\sum_{i=2}^{D}(x_i^2-10\cos(4\pi x_i))$	10	$x_1 \in [0,1]$ $x_i \in [-5,5]$
ZDT6	2	$f_1 = 1-\exp(-4x_1)\sin^6(6\pi x_1)$ $f_2 = g[1-(f_1/g)^2]$ $g = 1+9\left[\sum_{i=2}^{D}(x_i/(D-1))\right]^{0.25}$	10	[0,1]
DTLZ2	3	$f_1 = (1+g)\cos\left(\frac{\pi}{2}x_1\right)\cos\left(\frac{\pi}{2}x_2\right)$ $f_2 = (1+g)\cos\left(\frac{\pi}{2}x_1\right)\sin\left(\frac{\pi}{2}x_2\right)$ $f_3 = (1+g)\sin\left(\frac{\pi}{2}x_1\right)$ $g = \sum_{i=3}^{D}(x_i-0.5)^2$	7	[0,1]

续表

测试函数	目标个数	函数定义	变量维数	可行域
DTLZ4	3	$f_1=(1+g)\cos(x_1^\alpha\pi/2)\cos(x_2^\alpha\pi/2)$ $f_2=(1+g)\cos(x_1^\alpha\pi/2)\sin(x_2^\alpha\pi/2)$ $f_3=(1+g)\cos(x_1^\alpha\pi/2)\sin(x_1^\alpha\pi/2)$ $g=\sum_{i=3}^{D}(x_i-0.5)^2$	12	[0,1]
DTLZ5	3	$f_1=(1+g)\cos(g_1\pi/2)\cos(g_2\pi/2)$ $f_2=(1+g)\cos(g_1\pi/2)\sin(g_2\pi/2)$ $f_3=(1+g)\sin(g_1\pi/2)$ $g_i=\frac{\pi\left[1+2x_i\sum_{i=3}^{D}(x_i-0.5)^2\right]}{4\left[1+\sum_{i=3}^{D}(x_i-0.5)^2\right]}$	12	[0,1]
DTLZ7	3	$f_j=\frac{1}{\lfloor n/3\rfloor}\sum_{i=\lfloor(j-1)\frac{n}{3}\rfloor}^{\lfloor\frac{jn}{3}\rfloor}x_i, j=1,2,3$ $g_j=f_3(x)+4f_j(x)-1\geqslant 0,\ j=1,2$ $g_3=2f_3(x)+\min_{i,j=1,i\neq j}^{2}[f_i(x)+f_j(x)]-1\geqslant 0$	7	[0,1]

3.4.2 性能指标

多目标优化结果通常是一组非劣解，无法通过直接比较解的目标值来衡量算法的性能。现有的性能指标可以分为三类[178]：(1) 收敛性指标，即考虑非劣解到真实 Pareto 前沿的距离，如世代距离(Generational Distance, GD)；(2) 分布性指标，即考虑非劣解在目标空间的分布情况，如空间分布指标(Spacing, SP)；(3) 可同时评价收敛性和分布性的指标，如反向世代距离(Inverted Generational Distance, IGD)和超体积指标(Hypervolume, HV)。本章采用 IGD 和 SP 来衡量算法性能。

反向世代距离(IGD)是一个综合性能评价指标，通过分析计算 Pareto 和真实 Pareto 前沿之间的距离评价算法的收敛性能和分布性能。IGD 指标的值越小，表明算法的分布性和收敛性越好，解的精度越高。其具体计算公式如下：

$$IGD(X^{POF},H)=\frac{\sum_{v\in X^{POF}}d(v,H)}{|X^{POF}|} \tag{3.16}$$

式中，X^{POF} 表示真实 Pareto 前沿上的一组参考点，v 表示集合 X^{POF} 中的非劣解；H 表示计算得到的 Pareto 前沿。$d(v,H)$ 为非劣解 v 到非劣解集 H 的最小欧氏距离。$|X^{POF}|$ 是集合 X^{POF} 中点的个数。

空间分布(SP)能反映算法的分布性情况。SP 指标的值越小，表明该算法得到的非劣解的分布性越好。

$$SP=\sqrt{\frac{1}{|H|}\sum_{i=1}^{|H|}(\overline{d}-d_i)^2} \tag{3.17}$$

式中，d_i 表示 H 中第 i 个点与其他点之间的最小欧氏距离；$\overline{d}$ 表示所有 d_i 的平均值；$|H|$ 表示计算的非劣解的个数。

另外，根据算法多次运行下 IGD 和 SP 的指标值，采用 Friedman 检验评估 MOBOA 算法与其他算法性能差异是否显著。Friedman 检验是一种多样本齐一性的统计检验，其检验统计量 F_f 的计算公式如下[179-181]：

$$F_f=\frac{12n}{k(k+1)}\left[\sum_j R_j^2-\frac{k(k+1)^2}{4}\right] \tag{3.18}$$

式中，k 表示算法数量，R_j 表示第 j 个算法的平均排名，n 表示实验次数。根据统计量 F_f 值查表可得其相应的 p 值，如果 $p<0.05$，表示各算法之间的差异明显。

3.4.3 测试结果与分析

各算法最终的 IGD 指标的统计结果见表 3.2，在此基础上采用 Friedman 检验对 5 个算法的最终表现进行了排名，见表 3.3。从表 3.2 可知，在 9 个测试函数中，MOBOA 算法在 5 个函数(ZDT1，ZDT2，ZDT3，ZDT4，ZDT6)上的 IGD 均值都是最优的，在剩余 4 个函数(DTLZ2，DTLZ4，DTLZ5，DTLZ7)上的 IGD 均值优于部分算法，且在各函数上获得的 IGD 标准差较小，取值范围在[1.27E-04，2.55E-02]。其中，在 ZDT1、ZDT2、ZDT3 函数上，MOBOA 比排名第二的算法 MOPSO 的 IGD 均值分别降低了约 44%、44%、47%。在 ZDT4 函数上，MOBOA 比排名第二的算法 NSGA-Ⅱ 的 IGD 均值降低了约 55%。在 ZDT6 函数上，MOBOA 在 IGD 指标上的效果与排名第二的 MOFPA 算法相当，其 IGD 均值仅相差约 4%。在 DTLZ4、DTLZ5 函数上，MOBOA 算法与排名第一的 MOFPA 算法的效果相当，IGD 均值分别仅相差约 7%、1%；同时 MOBOA 算法比最后一名算法(NSGA-Ⅱ、MOPSO)分别降低了约 83%、30%。在 DTLZ2 函数上，MOBOA 算法的 IGD 均值比排名第一的 MOPSO 算法高约 17%，比最后一名的 MOEA/D 算法低约 19%。在 DTLZ7 函数上，MOBOA 算法的 IGD 均值比排名第一的 MOPSO 算法高约 31%，比最后一名的 MOEA/D 低约 78%。

通过 Friedman 检验各算法的 IGD 均值，得到的 p 值为 0.02，说明各算法在 IGD 均值指标上有显著差异。从表 3.3 可知，根据各算法的 IGD 均值指标，MOBOA 算法在 5 个测试函数上排名第一，2 个函数上排名第二，另外 2 个函数上分别排名第三、第四，总体平均排名仍是最优。紧随其后的是 MOPSO 算法，该算法在 2 个测试函数上排名第一，在 3 个函数上排名第二，其余函数上分别排名第三、第四、第五。MOFPA 算法在 3 个函数上排在前两名，其余函数上排名较差，总体排名第三；与之相当的 NSGA-Ⅱ算法在 2 个函数上排在前两名，5 个函数上排在后两名。MOEA/D 算法只在一个测试函数上排在第二名，大部分函数上排名相对靠后。

表 3.2　各算法最终获得的 IGD 均值与标准差

测试函数	统计值	MOBOA	MOFPA	MOPSO	NSGA-Ⅱ	MOEA/D
ZDT1	平均值	**4.77E-03**	4.65E-02	8.53E-03	1.20E-02	8.62E-03
	标准差	**1.35E-04**	2.40E-02	9.33E-04	1.78E-03	8.46E-04
ZDT2	平均值	**4.85E-03**	5.44E-02	8.62E-03	1.04E-02	1.17E-02
	标准差	**1.55E-04**	4.00E-02	8.46E-04	9.99E-04	2.61E-03
ZDT3	平均值	**5.18E-03**	7.26E-02	9.71E-03	7.32E-02	1.82E-01
	标准差	**1.27E-04**	3.39E-02	1.05E-03	2.88E-02	2.03E-02
ZDT4	平均值	**6.53E-02**	5.62E-01	4.02E-01	1.44E-01	4.77E-01
	标准差	2.55E-02	**1.21E-02**	5.54E-02	4.62E-02	5.16E-02
ZDT6	平均值	**3.43E-03**	3.56E-03	6.34E-03	4.00E-03	1.62E-02
	标准差	2.37E-04	**1.33E-04**	5.23E-04	1.53E-04	2.69E-02
DTLZ2	平均值	8.34E-02	7.68E-02	**7.10E-02**	7.28E-02	1.03E-01
	标准差	4.67E-03	4.14E-03	**2.66E-03**	2.86E-03	7.98E-03
DTLZ4	平均值	7.27E-02	**6.80E-02**	1.20E-01	4.31E-01	2.54E-01
	标准差	**2.96E-03**	4.33E-03	9.72E-02	3.40E-01	2.61E-01
DTLZ5	平均值	2.91E-01	**2.88E-01**	4.13E-01	3.33E-01	2.89E-01
	标准差	2.00E-02	2.84E-02	5.65E-02	3.70E-02	**9.58E-03**
DTLZ7	平均值	9.69E-02	1.10E-01	**7.41E-02**	1.17E-01	4.35E-01
	标准差	1.65E-02	2.60E-02	**5.80E-03**	2.41E-02	1.00E-01

注：加粗部分为最优结果

表 3.3　各算法基于 IGD 均值的 Friedman 排名

测试函数	MOBOA	MOFPA	MOPSO	NSGA-Ⅱ	MOEA/D
ZDT1	1	5	2	4	3
ZDT2	1	5	2	3	4
ZDT3	1	3	2	4	5
ZDT4	1	5	3	2	4
ZDT6	1	2	4	3	5
DTLZ2	4	3	1	2	5
DTLZ4	2	1	3	5	4
DTLZ5	3	1	5	4	2
DTLZ7	2	3	1	4	5
平均排名	1.8	3.1	2.6	3.4	4.1

各算法最终的 SP 指标的统计结果见表 3.4，在此基础上采用 Friedman 检验对 5 个算法的最终表现进行了排名，见表 3.5。

表 3.4　各算法最终获得的 SP 均值与标准差

测试函数	统计值	MOBOA	MOFPA	MOPSO	NSGA-Ⅱ	MOEA/D
ZDT1	平均值	**4.53E-03**	6.62E-03	7.90E-03	4.91E-03	7.65E-03
	标准差	**3.36E-04**	2.41E-03	1.29E-03	5.05E-04	9.59E-04
ZDT2	平均值	**4.57E-03**	7.49E-03	7.65E-03	5.02E-03	9.31E-03
	标准差	**3.72E-04**	3.66E-03	9.59E-04	6.77E-04	1.39E-03
ZDT3	平均值	**6.26E-03**	9.48E-03	1.08E-02	1.08E-02	1.38E-02
	标准差	**5.29E-04**	4.41E-03	1.48E-03	6.73E-03	5.80E-03
ZDT4	平均值	8.22E-03	1.45E-02	**6.23E-03**	8.25E-03	8.30E-03
	标准差	3.70E-03	1.14E-02	**7.93E-04**	3.04E-03	1.68E-03
ZDT6	平均值	**3.99E-03**	4.56E-03	6.48E-03	5.31E-03	8.15E-03
	标准差	1.28E-03	1.16E-03	8.99E-04	**3.37E-04**	2.15E-03
DTLZ2	平均值	4.55E-02	4.03E-02	3.96E-02	**3.61E-02**	4.59E-02
	标准差	4.86E-03	4.33E-03	2.67E-03	**2.50E-03**	4.63E-03
DTLZ4	平均值	4.08E-02	3.94E-02	4.56E-02	**1.76E-02**	3.43E-02
	标准差	3.75E-03	**3.31E-03**	9.83E-03	1.72E-02	1.87E-02
DTLZ5	平均值	1.08E-01	1.05E-01	9.52E-02	1.07E-01	**6.62E-02**
	标准差	1.30E-02	**9.50E-03**	1.04E-02	1.29E-02	1.29E-02

续表

测试函数	统计值	MOBOA	MOFPA	MOPSO	NSGA-Ⅱ	MOEA/D
DTLZ7	平均值	5.27E-02	4.91E-02	5.01E-02	5.42E-02	**3.71E-02**
	标准差	7.75E-03	9.11E-03	**3.73E-03**	8.90E-03	2.97E-02

注:加粗部分为最优结果

表 3.5 各算法基于 SP 均值的 Friedman 排名

测试函数	MOBOA	MOFPA	MOPSO	NSGA-Ⅱ	MOEA/D
ZDT1	1	3	5	2	4
ZDT2	1	3	4	2	5
ZDT3	1	2	3	3	5
ZDT4	2	5	1	3	4
ZDT6	1	2	4	3	5
DTLZ2	4	3	2	1	5
DTLZ4	4	3	5	1	2
DTLZ5	5	3	2	4	1
DTLZ7	4	2	3	5	1
平均排名	2.6	2.9	3.2	2.7	3.6

从表 3.4 可知,MOBOA 算法在 4 个测试函数(ZDT1,ZDT2,ZDT3,ZDT6)上的 SP 均值是最优的,MOPSO 算法在 ZDT4 函数上的 SP 均值是最优的,NSGA-Ⅱ算法在 2 个测试函数(DTLZ2,DTLZ4)上的 SP 均值是最优的,MOEA/D 算法在 2 个测试函数(DTLZ5,DTLZ7)上的 SP 均值是最优的。MOFPA 算法在各函数上的 SP 均值都不是最优的。在 ZDT1 和 ZDT2 函数上,排名第一的 MOBOA 算法与排名第二的 NSGA-Ⅱ算法的 SP 均值相当,其差距分别约为 8%、9%。在 ZDT3 和 ZDT6 函数上,排名第一的 MOBOA 算法比排名第二的 MOFPA 算法的 SP 均值分别降低了约 34%和 13%。在 ZDT4 函数上,MOBOA 算法比排名第一的 MOPSO 算法的 SP 均值高约 32%,比排名最后的 MOFPA 算法低约 43%。在 DTLZ2、DTLZ4、DTLZ5 和 DTLZ7 函数上,MOBOA 算法在 SP 均值表现方面相对较差,排名在后两名,比排名第一的算法在 SP 均值上高 0.009~0.042。

通过 Friedman 检验各算法的 SP 均值,得到的 p 值为 0.66,说明各算法在 SP 均值指标上没有显著差异。从表 3.5 可知,MOBOA 算法在 5 个函数上排在前两名,其余 4 个函数上排名较靠后。MOFPA、MOPSO 和 MOEA/D 算法在 3 个函数上排在前两名,NSGA-Ⅱ算法在 4 个函数上排在前两名。总体来说,各算法的均匀性指标差异不大,MOBOA 算法在 SP 均值指标上的平均排名相对最优，其次是 NSGA-Ⅱ算法和 MOFPA 算法。

图 3.3 至图 3.5 展示了各算法在两目标 ZDT3、ZDT4 函数和三目标 DTLZ4 函数上获取的非劣解前沿收敛到测试函数真实前沿的情况。由图可知，MOBOA 算法获得的非劣解前沿贴近真实前沿，且分布较为均匀，说明 MOBOA 算法具有求解非连续 Pareto 前沿优化问题的能力以及跳出局部最优的能力。总体来说，MOBOA 在处理部分复杂测试函数问题时的收敛性能和解集多样性均保持较高水平，说明它可以有效应用于复杂多目标优化问题的求解，虽然在某些测试函数中的表现并非最优，但其优化结果与其他算法的差距微小。

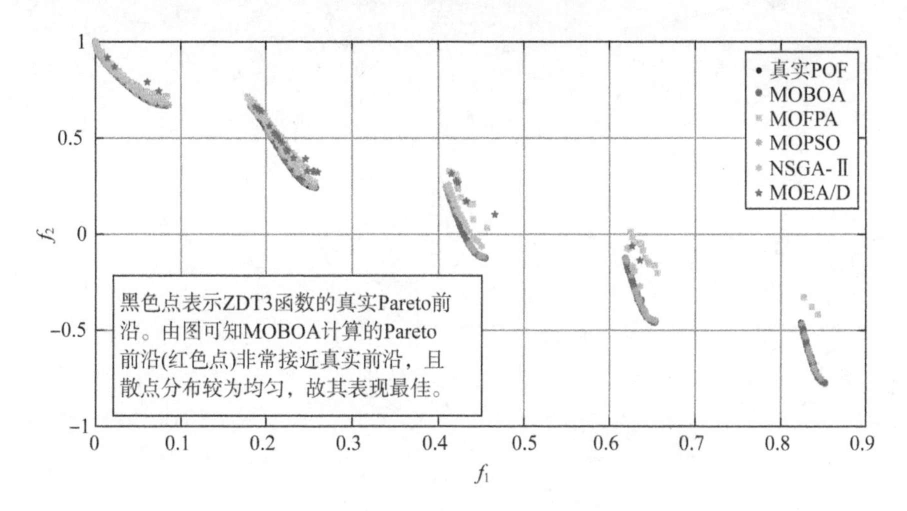

图 3.3　各算法在 ZDT3 函数上的非劣解前沿

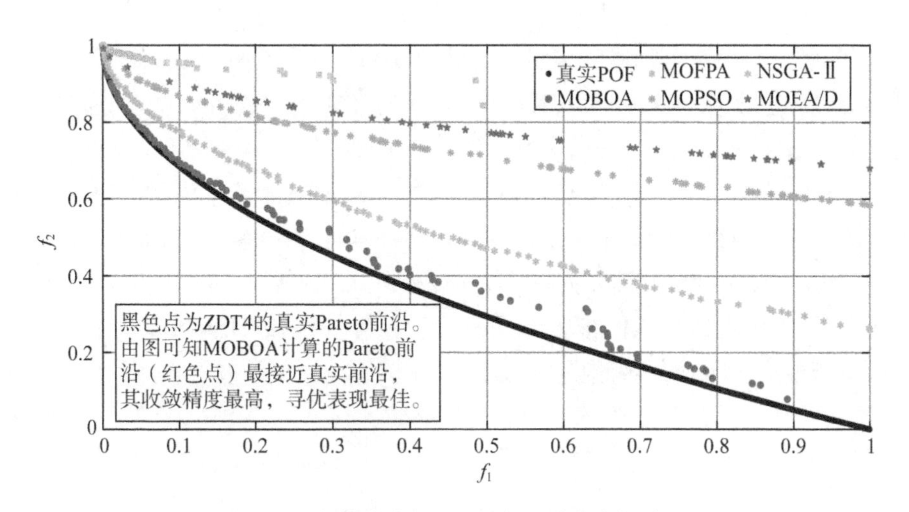

图 3.4　各算法在 ZDT4 函数上的非劣解前沿

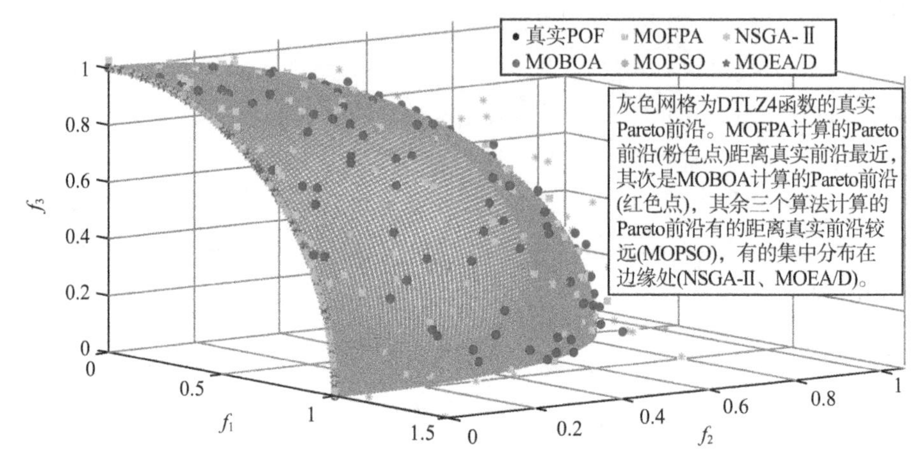

图 3.5　各算法在 DTLZ4 函数上的非劣解前沿

3.5　小结

本章介绍了多目标优化问题的基本概念和多目标进化算法的相关理论。在标准蝴蝶优化算法(BOA)的基础上，提出了基于多策略融合的多目标蝴蝶优化算法(MOBOA)。该算法采用两阶段思想和 Halton 序列改善种群初始化策略，提高初始种群的多样性和均匀性；提出了随迭代次数变化的动态切换概率策略，有效平衡算法的全局搜索和局部搜索进程；利用档案精英解引导蝴蝶个体进化，并引入多项式变异帮助算法跳出局部最优值。为了验证 MOBOA 算法的优化性能，选用了近年较为经典的多目标优化算法(MOPSO、MOFPA、NSGA-Ⅱ和 MOEA/D)进行比较，采用 ZDT 和 DTLZ 系列经典函数进行测试，并通过反向世代距离指标(IGD)、空间分布指标(SP)和 Friedman 排名评价各算法的优化性能。主要结论如下：(1) 从基于 IGD 均值的 Friedman 排名来看，MOBOA 算法在大部分测试函数上排名靠前，总体平均排名最优，其次是 MOPSO 和MOFPA 算法。这说明 MOBOA 具有较好的收敛精度。(2) 从基于 SP 均值的 Friedman 排名来看，各算法的分布性排名差异不大。综合来说，MOBOA 具有较好的收敛性和分布性，且效果较为稳定。

第四章

雅砻江下游梯级水库群多目标优化调度

4.1 引言

随着我国金沙江、雅砻江、澜沧江等流域的水电能源开发建设，梯级水库已经成为承载多方利益诉求的水资源利用载体，需要同时协调防洪、发电、生态、供水等多方面目标[182]。在中长期水库调度中，常常以梯级水库总发电量最大化为目标。但一味追求发电效益将促使梯级水库在非汛期尽可能保持高水位运行，以维持发电水头，致使水库下泄流量较小，对河流生态环境造成影响。以雅砻江下游梯级水库为例，雅砻江下游河段共建设了 5 个梯级水电站，分别是锦屏一级、锦屏二级、官地、二滩、桐子林。其中，锦屏一级和二滩分别是年、季调节水库，官地、桐子林是日调节水库，锦屏二级则是一个引水式电站。锦屏二级电站利用大河湾的天然落差，截弯取直开挖隧洞引水，因此在其引水闸址猫猫滩与发电厂址大水沟之间形成了长达 119 km 的减水河段。雅砻江梯级水电站联合运行后，不仅可以满足川渝地区的电力需求，还可向我国华中、华东地区供电，产生了巨大的电力效益。但同时也对下游河道天然水流情势造成深刻影响，特别是在减水河段。河道流量减少后，使得该河段水深、流速、水面宽、水面面积相应减小，水流形态和水温发生变化，直接影响到水生生物的生存环境，对河道内水生生态造成严重影响[183]。因此，为了实现流域生态可持续发展，保障生态环境健康，需要在梯级水库调度过程中统筹经济目标与生态目标[184]。

本章考虑到水利工程建设对河道生态流量的影响，首先采用 Mann-Kendall 突变检验法、有序聚类法、Pettitt 法、Lepage 法等综合分析雅砻江下游锦屏站、小得石站年平均径流序列的突变点。对于突变点后的时段，利用两参数月水量平衡模型计算站点的天然月径流。在天然逐月径流序列的基础上综合 Tennant 方法和逐月频率曲线法计算河道适宜生态流量区间。最后，考虑水库群的总发电量、系统稳定性和生态效益，建立了梯级水库群多目标优化调度模型，采用第三章的基于多策略融合的多目标蝴蝶优化算法进行求解，并利用集对分析理论和云模型分析了不同典型来水情况下各目标之间的竞争关系。

4.2 水利工程影响下雅砻江下游河道生态流量计算方法

河流生态流量计算需要采用天然径流资料，但由于水利工程等人类活动的影响，天然状态下的径流资料难以获取。特别是在雅砻江下游，河道径流几乎完全受上游水库下泄控制，开发利用程度高。因此，本节分析下游控制站点实测径流序列的变异特征，通过两参数月水量平衡模型进行径流还原，最后基于天然逐月径流序列计算河道生态流量。

4.2.1 径流突变特征诊断

目前水文时间序列突变检验的方法很多。本节采用 Mann-Kendall 突变检验法、Pettitt 法、有序聚类法、Lepage 法综合分析雅砻江下游锦屏站、小得石站年平均径流序列的突变点。

(1) Mann-Kendall 突变检验法

对于给定的水文时间序列 $\{x_1, x_2, \cdots, x_n\}$，计算 $x_i > x_j$ ($i > j$) 的个数 s_k：

$$s_k = \sum_{i=1}^{k} r_i, \quad k = 2, 3, \cdots, n \tag{4.1}$$

$$r_i = \begin{cases} 1, & x_i > x_j, \\ 0, & x_i \leqslant x_j, \end{cases} \quad j = 1, 2, \cdots, i-1 \tag{4.2}$$

式中，s_k 表示第 i 时刻序列样本值大于第 j 时刻数值的累计个数。

定义统计量 UF_k：

$$UF_k = \frac{[s_k - E(s_k)]}{\sqrt{Var(s_k)}}, \quad k = 1, 2, \cdots, n \tag{4.3}$$

式中，$UF_1 = 0$，UF_k 是按照 $x_1, x_2, \cdots, x_n$ 顺序计算得到的统计量序列，服从标准正态分布；$E(s_k)$和 $Var(s_k)$分别为 s_k 的均值和方差。

$$E(s_k) = \frac{n(n+1)}{4} \tag{4.4}$$

$$Var(s_k) = \frac{n(n-1)(2n+5)}{72} \tag{4.5}$$

对序列$\{x_1, x_2, \cdots, x_n\}$按逆序重复上述计算过程，并使 $UB_k = -UF_k$，$UB_1 = 0$，其中 $k = n, n-1, \cdots, 1$。绘制 UF_k 和 UB_k 曲线，若两条曲线相交且交点落在显著性水平区间内($u_{0.05} = \pm 1.96$)，则认为该交点是时间序列的突变点。

(2) Pettitt 法

对于给定的水文时间序列$\{x_1, x_2, \cdots, x_n\}$，构造秩序列 s_k：

$$s_k = \sum_{i=1}^{k} sign(x_i - x_j) \tag{4.6}$$

式中，$sign()$为符号函数，当 $x_i > x_j$ 时，$sign$ 取 1；当 $x_i = x_j$ 时，$sign$ 取 0；当 $x_i < x_j$ 时，$sign$ 取−1。

若 t 时刻满足 $k_{t_0} = \max|s_k|$，则 t 为突变点。计算统计量 P，若 $P \leqslant 0.5$，认为该突变点显著。

$$P = 2\exp[-6k_t^2/(n^3 + n^2)] \tag{4.7}$$

(3) 有序聚类法

对于给定的水文时间序列$\{x_1, x_2, \cdots, x_n\}$，假设其可能的突变点为 t，计算突变点前后两个子序列的总离差平方和 $S(t)$。当总离差平方和达到最小时，对应的 t 即为序列的突变点。

$$S(t) = \sum_{i=1}^{t}(x_i - \overline{x_t})^2 + \sum_{i=t+1}^{n}(x_i - \overline{x_{n-t}})^2 \tag{4.8}$$

式中，$\overline{x_t}$ 和 $\overline{x_{n-t}}$ 分别为突变点 t 前后两个子序列的均值。

(4) Lepage 法

Lepage 法是一种双样本的非参数检验方法。该方法将序列中的两个子序列视为独立总体，经过统计检验，若两个子序列有显著差异，则认为在划分子序列的基准点时刻出现了突变。假设基准点前后的两个子序列分别为 $x = \{x_1, x_2, \cdots, x_{n_1}\}$、$y = \{y_1, y_2, \cdots, y_{n_2}\}$，样本量分别为 n_1、n_2；其联合序列 $xy = \{x_1, x_2, \cdots, x_{n_1}, y_1, y_2, \cdots, y_{n_2}\}$。计算联合序列的秩序列 u_i，若序列中第 i 个最小值属于子序列 x，则 $u_i = 1$；若属于子序列 y，则 $u_i = 0$。实际应用中，为了计算简便，基准点前后两子序列一般取相同长度。具体计算公式如下[185]：

$$W = \sum_{i=1}^{n_1+n_2} iu_i \tag{4.9}$$

$$E(W) = \frac{n_1(n_1 + n_2 + 1)}{2}, V(W) = \frac{n_1 n_2(n_1 + n_2 + 1)}{12} \tag{4.10}$$

$$A = \sum_{i=1}^{n_1} iu_i + \sum_{i=n_1+1}^{n_1+n_2}(n_1 + n_2 - i + 1)u_i \tag{4.11}$$

$$E(A) = \frac{n_1(n_1 + n_2 + 2)}{4}, V(A) = \frac{n_1 n_2(n_1 + n_2 - 2)(n_1 + n_2 + 2)}{48(n_1 + n_2 - 1)} \tag{4.12}$$

其统计量 HK 由标准的 Wilcoxon 和 Ansari-Bradley 检验之和构成。

$$HK=\frac{[W-E(W)]^2}{V(W)}+\frac{[A-E(A)]^2}{V(A)} \tag{4.13}$$

当样本容量超过 10 时，HK 渐进自由度为 2 的 χ^2 分布。当 HK 超过临界值(5.99)时，表明第 i 时刻前后两个子序列之间存在显著差异，达到 0.05 的显著性水平，认为 i 时刻序列发生了突变[186]。

本节对锦屏站、小得石站 1994—2014 年年平均径流序列进行突变分析，检测结果如图 4.1 所示。由图可知：(1) 给定显著水平 $\alpha=0.05$，$U_\alpha=\pm1.96$，Mann-Kendall(MK)突变检验结果显示 UF 和 UB 曲线在 2005 年到 2006 年之间首次出现交点，且交点在临界线(红色虚线)之间，表明 2005 年至 2006 年间锦屏、小得石两站径流发生突变。由 UF 曲线可知，两站 2005 年以来年平均径流有一定的下降趋势。(2) Pettitt 法计算的两站秩序列在 2006 年时均达到其秩序列绝对值的最大值，且统计量 $P_{锦屏}=0.82>0.5$，$P_{小得石}=0.22<0.5$，说明锦屏站年平均径流在 2006 年的突变性不显著，小得石站在 2006 年径流发生显著突变。(3) 有序聚类法中，当总离差平方和 S 达到最小值时对应的年份即为突变开始年份，计算结果表明锦屏站有可能在 1997 年、2005 年和 2011 年发生突变，小得石站在 2005 年发生突变。(4) 应用 Lepage 法时子序列长度取 $n_1=n_2=6$，采用连续设置基准点的方法以滑动方式计算统计量 HK，考察各站点在基准点位置是否发生了突变。从图 4.1 可知，两站点在 2005 年时 HK 达到极大值，且均超过 $\alpha=0.05$ 的显著性水平，说明站点年平均径流在 2005 年发生了明显的突变。综合以上四种方法的计算结果，锦屏站和小得石站年平均径流在 2005 年发生了突变，突变后的多年平均径流发生明显下降。锦屏站 1994—2005 年的多年平均径流为 1 323 m^3/s，2006—2014 年的多年平均径流为 1 194 m^3/s，下降了约 9.8%；小得石站 1994—2005 年的多年平均径流为 1 707 m^3/s，2006—2014 年的多年平均径流为 1 437 m^3/s，下降了约 15.8%。

4.2.2 天然月径流模拟

本节采用 2.2.3 节的两参数月水量平衡模型模拟锦屏站和小得石站的天然月径流过程。以 1994—2001 年为率定期、2002—2005 年为验证期，对模型进行率定与验证。利用遗传算法进行了参数优化，获取了雅砻江流域锦屏站对应的最优模型参数 C 和 SC，见表 4.1。其中系数 a_0 和 a_1 分别为 0.401 4 和 0.287 7。

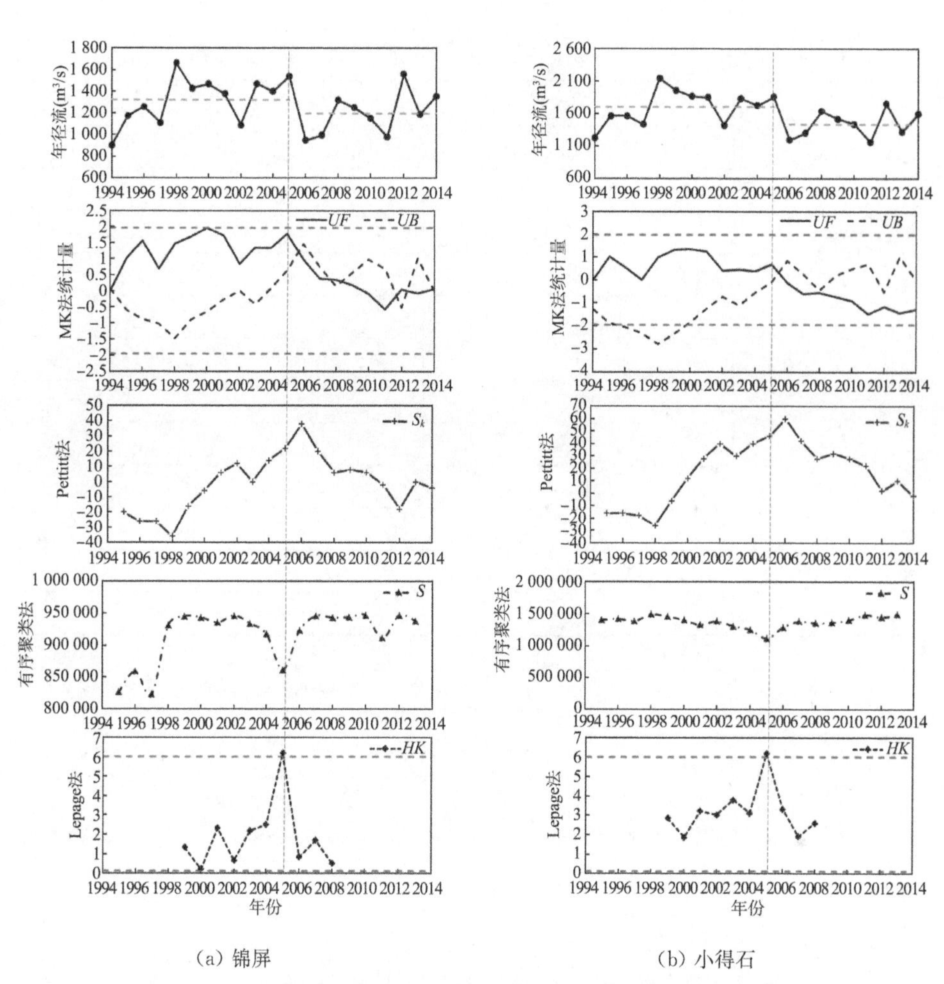

(a) 锦屏　　(b) 小得石

图 4.1　雅砻江流域锦屏站、小得石站年平均径流及突变检验结果

表 4.1　突变前雅砻江流域两参数月水量平衡模型参数值

参数	C_1	C_2	C_3	C_4	C_5	C_6	C_7	C_8	C_9	C_{10}	C_{11}	C_{12}	SC
取值	0.53	0.51	0.51	0.52	0.53	0.55	0.59	0.61	0.61	0.59	0.57	0.54	758

采用 NSE、KGE、$RMSE$、MAE、RB、R 指标评价模拟效果，率定期和验证期的径流模拟精度结果见表 4.2。由表 4.2 可知，两参数月水量平衡模型在锦屏站和小得石站率定期和验证期的 NSE 值和 R 值均在 0.90 以上，KGE 值在 0.80 以上，相对偏差 RB 在−8.5%到 10.8%之间，总体来说月径流模拟精度较好。

基于前述模型参数，计算 1994—2014 年锦屏站和小得石站还原的天然月径流过程，结果如图 4.2 所示。由图可知锦屏站的天然月径流最大值为 2 000～5 000 m^3/s，小得石站的天然月径流最大值为 2 500～7 000 m^3/s。

表 4.2　突变前锦屏站和小得石站的月径流模拟精度结果

	指标	锦屏	小得石
率定期	*NSE*	0.93	0.92
	KGE	0.89	0.82
	RB(%)	10.8	−8.2
	RMSE(m^3/s)	321	438
	MAE(m^3/s)	252	259
	R	0.97	0.97
验证期	*NSE*	0.93	0.91
	KGE	0.91	0.81
	RB(%)	6.6	−8.5
	RMSE(m^3/s)	310	436
	MAE(m^3/s)	207	224
	R	0.97	0.97

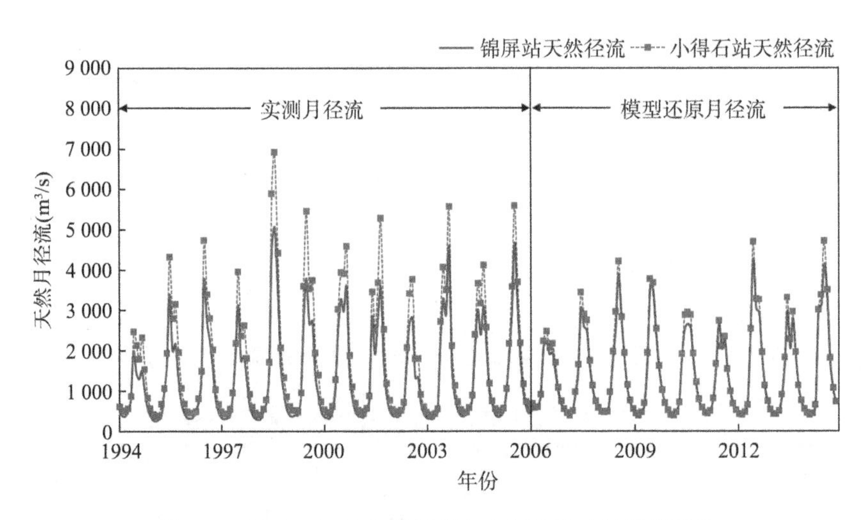

图 4.2　1994—2014 年锦屏站和小得石站的天然月径流

4.2.3　生态流量计算

目前我国在生态流量计算中应用最多的是水文学法，本节选取了其中经典的 Tennant 法和逐月频率曲线法来综合计算生态流量。依据 4.2.2 节计算的天然径流过程，选取雅砻江下游锦屏站和小得石站，应用多种水文学生态流量计算方法获取其适宜的生态流量过程。

（1）Tennant 法。该方法根据长系列观测数据与河流生态环境健康状况建立经验关系，按照年平均流量的百分比来确定不同时段（一般用水期和产卵期）内基本生态流量，一般用水期的百分比一般低于产卵期，如表 4.3 所示[187]。该方法简单实用，在一定程度上考虑径流年内过程的节律变化，其结果具有宏观的定性指导意义。但将年内过程划分为两个时期，难以完全反映径流的年内过程。

表 4.3　Tennant 法中不同河道内生态环境状况对应的流量百分比

不同流量百分比对应河道内生态环境状况	占同时段多年年均天然流量百分比(%)	
	一般用水期(8 月—翌年 4 月)	产卵期(5—7 月)
最大	200	200
最佳	60～100	60～100
极好	40	60
非常好	30	50
好	20	40
中	10	30
差	10	10
极差	0～10	0～10

利用天然月径流序列，选择河道内生态环境状况为“最佳”“极好”“非常好”“好”“中”计算雅砻江下游锦屏站、小得石站的逐月生态流量过程，结果见表 4.4 和表 4.5。

表 4.4　Tennant 法计算的锦屏站生态流量　(m^3/s)

生态环境	1 月	2 月	3 月	4 月	5 月	6 月	7 月	8 月	9 月	10 月	11 月	12 月
最佳	435	390	384	476	774	1 971	3 050	2 841	2 698	1 587	911	595
极好	174	156	153	190	465	1 183	1 830	1 136	1 079	635	365	238
非常好	131	117	115	143	387	986	1 525	852	809	476	273	179
好	87	78	77	95	310	788	1 220	568	540	317	182	119
中	44	39	38	48	232	591	915	284	270	159	91	60

表 4.5　Tennant 法计算的小得石站生态流量　(m^3/s)

生态环境	1 月	2 月	3 月	4 月	5 月	6 月	7 月	8 月	9 月	10 月	11 月	12 月
最佳	531	459	439	525	858	2 276	3 673	3 449	3 294	1 927	1 099	712
极好	212	184	176	210	515	1 365	2 204	1 379	1 318	771	440	285

续表

生态环境	1月	2月	3月	4月	5月	6月	7月	8月	9月	10月	11月	12月
非常好	159	138	132	158	429	1 138	1 837	1 035	988	578	330	214
好	106	92	88	105	343	910	1 469	690	659	385	220	142
中	53	46	44	53	258	683	1 102	345	329	193	110	71

(2) 逐月频率曲线法。该方法利用各月天然径流资料建立频率曲线，一般取各月 95%分位数对应的流量值作为该月的生态流量。该方法可以考虑河流生态系统对水量的要求，还可以根据不同月份径流的变化特征，考虑各月份的生态流量要求。采用逐月频率曲线法计算各站的逐月生态流量过程，结果见表 4.6。

表 4.6　逐月频率曲线法计算的各站点生态流量　(m^3/s)

站点	1月	2月	3月	4月	5月	6月	7月	8月	9月	10月	11月	12月
锦屏	287	260	301	371	473	1 240	1 460	1 300	1 320	1 030	590	397
小得石	423	373	365	431	548	1 490	2 130	1 790	1 788	1 526	831	558

生态环境为“中”时基于 Tennant 法计算的生态流量也指生态环境开始退化的生态流量。本研究综合两种方法，将其与逐月频率曲线法计算的生态流量作为适宜生态流量区间，结果见图 4.3。由图可知：(1) Chen 等[188]认为枯季锦屏大河湾段最小生态流量为 36～50 m^3/s。本节利用 Tennant 法计算最小生态流量(生态环境状况为“中”)时，锦屏站一般用水期最小值为 38 m^3/s，与其研究结果较为接近。(2) 逐月频率曲线法计算的生态流量过程与 Tennant 法在“非常好”“极好”生态环境状况下计算的结果较为接近，说明这两种方法在研究区生态流量计算中都较为适用。

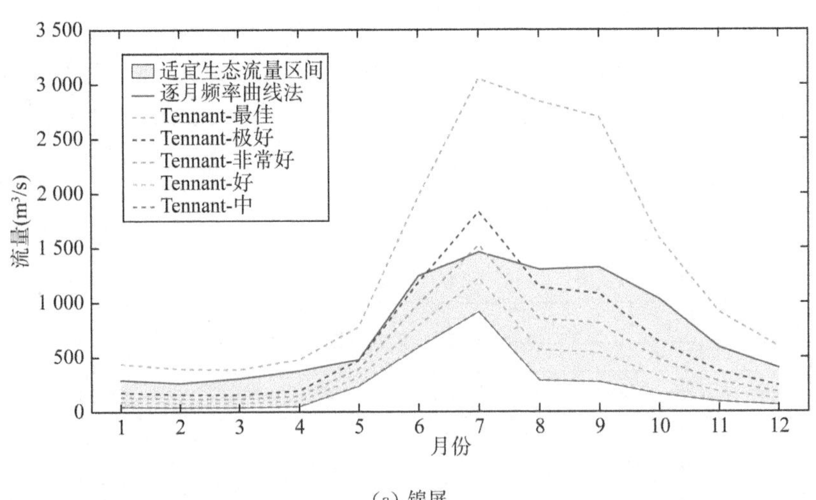

(a) 锦屏

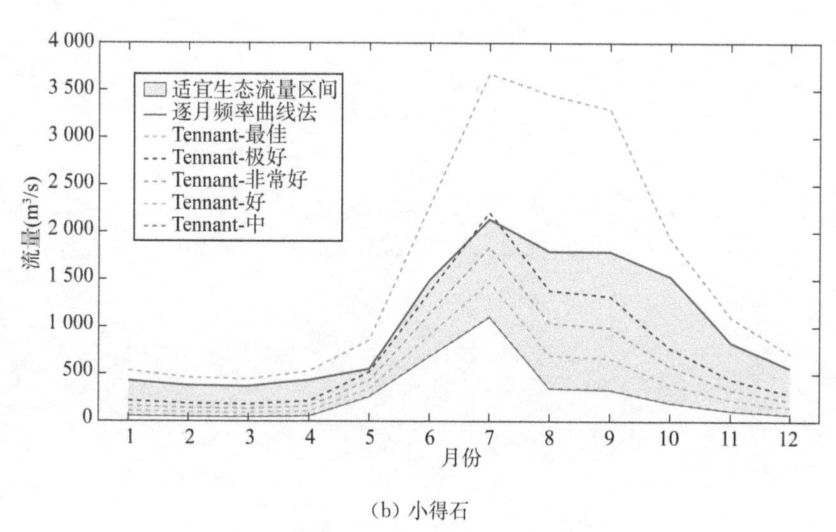

(b) 小得石

图 4.3 锦屏站和小得石站生态流量计算结果

4.3 梯级水库群优化调度模型构建

4.3.1 目标函数

(1) 调度期内梯级水库群的发电量 f_1 最大。

$$\max f_1 = \sum_{t=1}^{T}\sum_{i=1}^{m} N_{i,t}\Delta t \tag{4.14}$$

式中,$N_{i,t}$ 为第 i 个水电站在 t 时段内的平均出力,m 为水电站个数,T 为调度时段数,Δt 为时段长。

(2) 调度期内系统出力稳定性最强,出力波动系数 f_2 最小。

$$\min f_2 = \frac{1}{Tm}\sum_{t=1}^{T}\sum_{i=1}^{m}\left(\frac{N_{i,t}-\overline{N_i}}{\overline{N_i}}\right)^2 \tag{4.15}$$

式中,$\overline{N_i}$ 为第 i 个水电站在调度期内的平均出力,其余参数含义同前文。

(3) 调度期内生态效益指数 f_3 最大。当下泄流量在适宜生态流量区间内时,该时段生态效益为 1,否则其生态效益为 0 到 1 之间的小数。

$$\max f_3 = \frac{1}{Tm}\sum_{t=1}^{T}\sum_{i=1}^{m} g_{i,t} \tag{4.16}$$

$$g_{i,t}=\begin{cases}q_{i,t}/q_{i,t}^{emin}, & q_{i,t}<q_{i,t}^{emin}\\1, & q_{i,t}^{emin}<q_{i,t}<q_{i,t}^{emax}\\q_{i,t}^{emax}/q_{i,t}, & q_{i,t}>q_{i,t}^{emax}\end{cases} \tag{4.17}$$

式中，$g_{i,t}$ 为第 i 个水电站在 t 时段的生态效益赋分；$q_{i,t}$、$q_{i,t}^{emin}$、$q_{i,t}^{emax}$ 分别为第 i 个水电站在 t 时段内的出库流量、下游适宜生态流量的下界和上界；其余参数含义同前文。

4.3.2 约束条件

模型约束条件描述如下：

(1) 水量平衡约束

$$V_{i,t+1}=V_{i,t}+(Q_{i,t}-q_{i,t})\times\Delta t \tag{4.18}$$

式中，$V_{i,t}$ 和 $V_{i,t+1}$ 分别为第 i 个水电站在 t 和 $t+1$ 时刻的蓄水量；$Q_{i,t}$ 和 $q_{i,t}$ 分别为第 i 个水电站 t 时段的入库、出库流量。梯级水库中，下库的入库流量包括区间入流和上库的出库流量。

(2) 下泄流量约束

$$q_{i,t}^{\min}\leqslant q_{i,t}\leqslant q_{i,t}^{\max} \tag{4.19}$$

式中，$q_{i,t}^{\max}$ 和 $q_{i,t}^{\min}$ 分别为第 i 个水电站 t 时段出库流量的上下限。

(3) 水位约束

$$Z_{i,t}^{\min}\leqslant Z_{i,t}\leqslant Z_{i,t}^{\max} \tag{4.20}$$

式中，$Z_{i,t}^{\max}$ 和 $Z_{i,t}^{\min}$ 分别为第 i 个水电站 t 时段初水库水位的上下限。

(4) 出力约束

$$N_{i,t}^{\min}\leqslant N_{i,t}\leqslant N_{i,t}^{\max} \tag{4.21}$$

式中，$N_{i,t}^{\max}$ 和 $N_{i,t}^{\min}$ 分别为第 i 个水电站 t 时段出力的上下限。

4.4 实例应用

4.4.1 参数设置及约束处理

对锦屏一级水库 1953—2019 水文年年平均入库径流过程进行频率分析，选择对应频率分别为25%、50%和75%的年份作为丰水、平水、枯水典型年。将典型年作为调度期,时段为月,各年的月平均流量作为调度模型输入,锦屏一级水库、锦屏-二滩区间来水过程如图4.4所示。

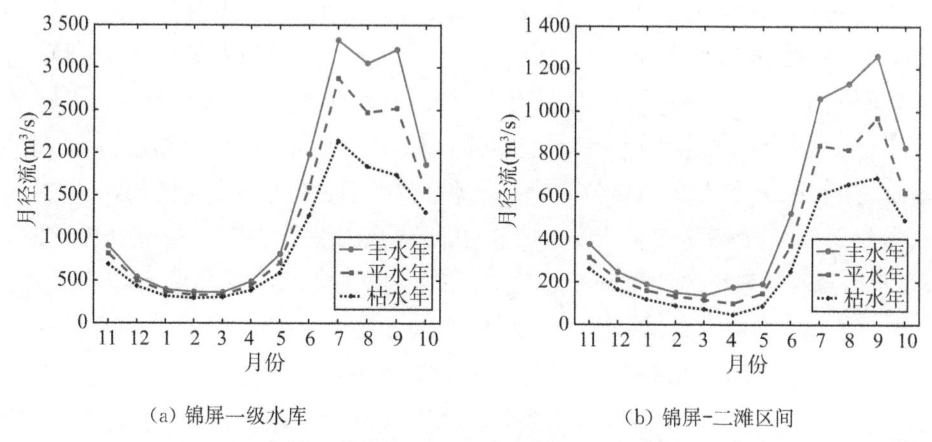

(a) 锦屏一级水库　　(b) 锦屏-二滩区间

图4.4　典型年下锦屏一级水库和锦屏-二滩区间来水过程

各水电站的基本特征参数及特征曲线见1.4.2节。计算过程中将锦屏一级电站11月初水位和次年10月末水位设置为正常蓄水位1 880 m,二滩电站11月初和次年10月末水位设置为正常蓄水位1 200 m。汛期水库水位在死水位和汛限水位之间运行,非汛期水库水位在死水位和正常蓄水位之间运行。采用第三章的基于多策略融合的多目标蝴蝶优化算法(MOBOA)和对比算法(MOPSO、NSGA-Ⅱ、MOEA/D、MOFPA)对4.3节的梯级水库调度模型进行求解。种群规模设置为100,最大迭代次数设置为1 000次,其余参数与第三章相同。

考虑到水量平衡约束、水位约束和下泄流量约束,对算法的种群初始化环节进行改进,避免在不可行解上浪费算力,提高算法的搜索能力。

$$\begin{cases} A_{i,t} = V_{i,t-1} + (Q_{i,t} - q_i^{\max}) \times \Delta t \\ B_{i,t} = V_{i,t-1} + (Q_{i,t} - q_i^{\min}) \times \Delta t \\ V_{i,t}^{lb} = \max\{V_{i,t}^{\min}, A_{i,t}\} \\ V_{i,t}^{ub} = \min\{V_{i,t}^{\max}, B_{i,t}\} \\ Z_{i,t} = f_{ZV}^{i}(V_{i,t}^{lb} + (V_{i,t}^{ub} - V_{i,t}^{lb}) \times rand) \\ q_{i,t}^{\min} \leqslant q_{i,t} \leqslant q_{i,t}^{\max} \end{cases} \tag{4.22}$$

式中,$V_{i,t}^{lb}$ 和 $V_{i,t}^{ub}$ 分别是水库 i 在时段 t 的最低、最高蓄量;f_{ZV}^{i} 是水库 i 的水位库容曲线函数;$Z_{i,t}$ 是水库 i 在时段 t 的水位;$rand$ 为0~1之间的随机数。

4.4.2 优化调度结果与分析

为统计算法的优化性能，表 4.7 至表 4.10 列举了各算法在 20 次独立运行中获得的最大总发电量、最小出力波动系数、最大生态效益指数以及 SP 的统计特征值，包括均值、标准差、平均排名。由表可知：(1) 从最大总发电量来看，MOBOA、MOFPA、NSGA-Ⅱ 算法取得的平均值较大（丰水年梯级总发电量超过 820 亿 kW·h，平水年梯级总发电量基本达到 760 亿 kW·h，枯水年梯级总发电量超过 635 亿 kW·h），其次是 MOPSO 算法（丰水年梯级总发电量约 814 亿 kW·h，平水年梯级总发电量约 754 亿 kW·h，枯水年梯级总发电量约 630 亿 kW·h）。MOEA/D 算法取得的平均值最低，比 MOPSO 算法取得的平均值低 0.5%左右。(2) 从最小出力波动系数来看，MOBOA 和 MOFPA 算法的平均排名均为 1.3，但 MOBOA 算法的标准差较低，说明其寻优性能更为稳定。其次是 NSGA-Ⅱ、MOPSO 算法。(3) 从最大生态效益指数来看，MOBOA 算法取得的平均值最高，且标准差较低。其次是 NSGA-Ⅱ和 MOFPA 算法，两者取得的生态效益指数差异较小。MOEA/D 算法在各来水情景下计算的生态效益指数均低于 0.7，取得的平均值仍是最差的。MOBOA 算法在最大总发电量、最小出力波动系数、最大生态效益指数上计算的平均排名分别为 1.3、1.3、1，基本优于其他对比算法；在各来水情景下，MOBOA 的标准差值低于大部分对比算法，说明 MOBOA 具有较强的竞争力和稳定性。(4) 从 SP 指标来看，MOBOA 算法的 SP 平均值最低，说明其计算的 Pareto 前沿分布较为均匀。MOBOA 算法中利用两阶段策略生成初始解，有助于最终获得分布较为均匀的 Pareto 前沿。其次是 MOEA/D 和 NSGA-Ⅱ算法的 SP 均值。虽然 MOEA/D 算法计算的 Pareto 前沿分布比 NSGA-Ⅱ均匀，但其计算的最大总发电量、最小出力波动系数、最大生态效益指数的平均值明显低于其他算法，说明其寻优精度不高。总体来说，MOBOA 算法具有较好的收敛性和分布性。

表 4.7 典型来水情景下各算法最终获得的最大总发电量统计特征（$\times 10^8$ kW·h）

来水情景	统计特征	MOBOA	MOFPA	MOPSO	NSGA-Ⅱ	MOEA/D
丰水年	均值	824.724 4	823.834 3	814.079	821.431 5	808.851
	标准差	0.060 4	1.625 1	8.112 3	1.673 2	12.676 1
	排名	1	2	4	3	5
平水年	均值	760.090 2	760.755 8	754.156 4	759.556 1	751.950 9
	标准差	3.069 2	2.845 1	3.061 3	1.964 5	6.243 2
	排名	2	1	4	3	5

续表

来水情景	统计特征	MOBOA	MOFPA	MOPSO	NSGA-Ⅱ	MOEA/D
枯水年	均值	639.840 9	637.211 6	629.748	636.375 9	623.543
	标准差	1.346 5	3.113 3	5.128 8	1.733 2	8.475 2
	排名	1	2	4	3	5
平均排名		1.3	1.7	4	3	5

表 4.8 典型来水情景下各算法最终获得的最小出力波动系数统计特征

来水情景	统计特征	MOBOA	MOFPA	MOPSO	NSGA-Ⅱ	MOEA/D
丰水年	均值	0.134 6	0.134 6	0.150 9	0.145 5	0.170 4
	标准差	0.001 4	0.004 8	0.008 7	0.006	0.014 6
	排名	1	2	4	3	5
平水年	均值	0.133 3	0.130 7	0.146 8	0.150 1	0.185
	标准差	0.008 4	0.008 7	0.008 3	0.010 2	0.016 6
	排名	2	1	3	4	5
枯水年	均值	0.109	0.111 7	0.135 2	0.125 9	0.180 9
	标准差	0.004 7	0.005 6	0.010 3	0.011 3	0.038 8
	排名	1	2	4	3	5
平均排名		1.3	1.3	3.7	3.3	5

表 4.9 典型来水情景下各算法最终获得的最大生态效益指数统计特征

来水情景	统计特征	MOBOA	MOFPA	MOPSO	NSGA-Ⅱ	MOEA/D
丰水年	均值	0.763 1	0.745 4	0.721 2	0.750 1	0.561 1
	标准差	0.012 3	0.024 5	0.023 7	0.020 7	0.020 6
	排名	1	3	4	2	5
平水年	均值	0.801 2	0.788	0.759 8	0.795 2	0.620 6
	标准差	0.014 4	0.020 2	0.016 5	0.012 6	0.026 1
	排名	1	3	4	2	5
枯水年	均值	0.866 9	0.861	0.839 1	0.855 4	0.695 4
	标准差	0.004 5	0.012 3	0.015 9	0.010 5	0.028 3
	排名	1	2	4	3	5
平均排名		1	2.7	4	2.3	5

表 4.10 典型来水情景下各算法最终获得的 SP 统计特征

来水情景	统计特征	MOBOA	MOFPA	MOPSO	NSGA-Ⅱ	MOEA/D
丰水年	均值	0.336 8	6.576 5	1.286 3	3.213 4	0.801 4
	标准差	0.052 4	3.325 1	0.656 5	6.484 9	1.472 9
	排名	1	5	3	4	2
平水年	均值	0.281 9	1.883 0	2.909 2	0.983 1	0.903 7
	标准差	0.062 9	4.175 9	5.991 4	0.330 6	2.400 3
	排名	1	4	5	3	2
枯水年	均值	0.157 1	0.513 1	0.685 3	0.493 4	0.157 4
	标准差	0.027 3	0.261 8	0.319 1	0.183 7	0.278 1
	排名	1	4	5	3	2
平均排名		1	4.3	4.3	3.3	2

采用 MOBOA 算法对梯级水库群优化调度模型求解，得到不同来水下的调度方案集，结果见表 4.11 至表 4.13。由表可知：(1) 丰水年系统发电量大于 800 亿 kW・h 的方案占 21%，出力波动系数小于 0.2 的方案占 18%，生态效益指数大于 0.7 的方案占 43%。(2) 平水年系统发电量大于 700 亿 kW・h 的方案占 40%，出力波动系数小于 0.2 的方案占 27%，生态效益指数大于 0.7 的方案占 52%。(3) 枯水年系统发电量大于 600 亿 kW・h 的方案占 50%，出力波动系数小于 0.2 的方案占 43%，生态效益指数大于 0.7 的方案占 75%。

表 4.11 丰水年下 MOBOA 算法最终获得的 Pareto 方案的目标函数值

方案编号	系统发电量 ($\times 10^8$ kW・h)	出力波动系数	生态效益指数	方案编号	系统发电量 ($\times 10^8$ kW・h)	出力波动系数	生态效益指数
1	809.329 5	0.147 3	0.521 5	12	811.168 5	0.159 6	0.539 0
2	835.039 0	0.202 9	0.540 8	13	667.049 5	0.353 6	0.746 9
3	815.422 5	0.154 6	0.510 7	14	786.779 3	0.224 3	0.628 2
4	678.847 5	0.408 7	0.750 1	15	696.375 4	0.386 9	0.729 9
5	637.647 8	0.387 2	0.765 1	16	804.551 8	0.192 8	0.585 9
6	821.696 6	0.171 9	0.541 7	17	647.595 8	0.378 3	0.759 6
7	770.769 3	0.257 5	0.656 7	18	656.240 2	0.367 4	0.756 3
8	771.803 4	0.254 0	0.654 2	19	714.272 0	0.329 8	0.721 3
9	810.286 6	0.192 7	0.581 7	20	815.059 6	0.185 4	0.572 6
10	807.136 8	0.191 0	0.579 3	21	745.726 0	0.288 7	0.692 9
11	699.632 1	0.338 9	0.729 6	22	742.570 4	0.297 6	0.697 9

续表

方案编号	系统发电量（$\times10^8$ kW·h）	出力波动系数	生态效益指数	方案编号	系统发电量（$\times10^8$ kW·h）	出力波动系数	生态效益指数
23	680.942 9	0.405 4	0.750 1	54	693.632 2	0.390 2	0.734 2
24	710.309 9	0.330 9	0.724 3	55	691.955 9	0.392 6	0.735 6
25	725.082 0	0.311 7	0.711 5	56	748.692 0	0.287 5	0.691 1
26	743.761 5	0.295 6	0.695 7	57	745.227 1	0.292 4	0.695 3
27	788.355 8	0.222 7	0.627 2	58	671.581 7	0.346 7	0.740 7
28	814.113 9	0.155 2	0.514 6	59	718.104 1	0.322 1	0.718 4
29	734.043 1	0.308 7	0.707 8	60	801.330 4	0.203 8	0.603 7
30	814.584 7	0.156 0	0.513 9	61	759.720 3	0.274 7	0.675 6
31	676.110 7	0.342 7	0.736 9	62	716.145 2	0.323 9	0.721 2
32	758.673 5	0.273 6	0.676 3	63	662.970 4	0.358 8	0.751 2
33	668.345 8	0.351 5	0.744 9	64	657.327 5	0.365 5	0.755 8
34	750.512 7	0.284 5	0.688 1	65	781.119 5	0.232 5	0.639 2
35	677.466 9	0.340 4	0.732 9	66	652.939 6	0.370 7	0.757 8
36	701.185 3	0.337 7	0.728 7	67	752.369 7	0.279 3	0.684 1
37	743.347 9	0.296 4	0.696 4	68	802.528 6	0.201 8	0.599 6
38	684.060 3	0.401 9	0.745 2	69	676.340 0	0.351 7	0.736 5
39	649.943 9	0.375 4	0.759 2	70	762.030 2	0.270 2	0.673 2
40	751.567 9	0.283 2	0.686 9	71	661.749 9	0.359 7	0.751 3
41	818.087 9	0.174 9	0.545 9	72	640.179 2	0.384 0	0.764 7
42	717.653 7	0.321 0	0.719 1	73	783.857 3	0.228 9	0.629 9
43	805.463 4	0.195 3	0.587 1	74	737.213 6	0.304 1	0.703 0
44	792.147 0	0.213 4	0.619 8	75	813.208 4	0.157 3	0.529 2
45	708.714 9	0.324 8	0.722 8	76	782.037 3	0.231 4	0.637 7
46	816.354 2	0.177 5	0.548 1	77	807.468 1	0.190 1	0.579 1
47	685.063 3	0.400 3	0.745 2	78	763.256 6	0.267 2	0.669 3
48	729.591 8	0.316 7	0.712 5	79	731.781 0	0.313 6	0.711 4
49	644.705 3	0.380 0	0.761 8	80	810.083 5	0.152 3	0.532 1
50	783.246 0	0.228 9	0.632 3	81	702.617 0	0.334 1	0.726 0
51	654.195 0	0.370 3	0.757 3	82	761.358 9	0.271 3	0.673 8
52	757.868 4	0.275 2	0.677 8	83	663.310 7	0.360 9	0.753 1
53	778.346 0	0.237 9	0.643 3	84	770.433 4	0.258 0	0.658 1

续表

方案编号	系统发电量（$\times 10^8$ kW·h）	出力波动系数	生态效益指数	方案编号	系统发电量（$\times 10^8$ kW·h）	出力波动系数	生态效益指数
85	772.135 7	0.253 4	0.653 0	93	741.903 1	0.299 2	0.698 1
86	760.410 2	0.273 6	0.675 0	94	735.239 6	0.306 5	0.705 1
87	808.170 2	0.166 5	0.544 4	95	820.782 6	0.173 4	0.542 6
88	768.576 3	0.260 0	0.660 5	96	638.601 0	0.388 5	0.765 0
89	749.619 1	0.285 5	0.690 0	97	731.247 6	0.314 6	0.711 8
90	763.299 8	0.268 1	0.671 0	98	740.174 4	0.301 8	0.699 4
91	782.807 5	0.231 2	0.635 1	99	774.439 9	0.250 3	0.651 3
92	779.692 7	0.236 1	0.642 7	100	670.173 5	0.349 9	0.742 8

表 4.12　平水年下 MOBOA 算法最终获得的 Pareto 方案的目标函数值

方案编号	系统发电量（$\times 10^8$ kW·h）	出力波动系数	生态效益指数	方案编号	系统发电量（$\times 10^8$ kW·h）	出力波动系数	生态效益指数
1	614.184 7	0.426 6	0.802 4	21	726.581 4	0.221 1	0.663 1
2	703.515 0	0.126 7	0.577 7	22	734.119 1	0.214 5	0.650 3
3	596.322 3	0.394 8	0.808 5	23	690.621 4	0.241 3	0.688 8
4	755.761 5	0.215 8	0.533 8	24	712.368 0	0.135 8	0.590 8
5	747.070 8	0.166 7	0.552 0	25	719.348 7	0.141 3	0.581 6
6	737.111 3	0.205 9	0.644 2	26	687.774 3	0.248 6	0.699 6
7	696.231 6	0.229 4	0.673 2	27	644.968 3	0.376 6	0.778 5
8	618.456 2	0.421 2	0.801 8	28	606.508 6	0.375 7	0.797 7
9	671.891 5	0.274 2	0.723 9	29	658.702 3	0.290 5	0.739 9
10	744.799 2	0.164 1	0.558 3	30	723.197 9	0.146 3	0.561 4
11	673.709 1	0.340 6	0.769 0	31	646.962 0	0.317 5	0.764 8
12	733.229 8	0.208 3	0.648 7	32	695.609 6	0.230 9	0.676 2
13	738.622 7	0.204 0	0.640 5	33	703.065 0	0.316 8	0.712 2
14	598.871 7	0.389 5	0.806 8	34	721.535 3	0.270 9	0.679 6
15	688.532 5	0.319 9	0.744 6	35	646.035 5	0.325 1	0.765 1
16	719.808 3	0.143 4	0.579 6	36	623.397 3	0.402 0	0.799 1
17	621.584 1	0.415 7	0.800 9	37	654.740 2	0.299 1	0.751 8
18	720.889 6	0.144 9	0.581 0	38	701.528 5	0.223 3	0.668 6
19	626.877 2	0.408 6	0.798 6	39	684.270 9	0.328 0	0.753 7
20	670.962 1	0.273 3	0.727 4	40	727.805 9	0.150 7	0.560 6

续表

方案编号	系统发电量（×10^8 kW·h）	出力波动系数	生态效益指数	方案编号	系统发电量（×10^8 kW·h）	出力波动系数	生态效益指数
41	728.823 0	0.218 9	0.660 7	71	679.363 9	0.256 4	0.708 9
42	597.721 2	0.391 6	0.807 7	72	604.477 6	0.385 4	0.803 0
43	698.056 4	0.226 9	0.672 6	73	742.780 4	0.163 6	0.554 4
44	658.648 1	0.289 6	0.741 4	74	705.738 6	0.129 1	0.578 9
45	691.153 6	0.245 6	0.695 0	75	666.167 2	0.281 6	0.730 2
46	692.055 8	0.237 0	0.684 5	76	702.175 7	0.318 9	0.714 5
47	706.953 8	0.183 0	0.619 5	77	654.491 6	0.297 3	0.750 8
48	687.108 9	0.323 5	0.749 0	78	663.999 6	0.290 3	0.731 3
49	634.308 0	0.396 7	0.784 7	79	668.478 2	0.280 7	0.728 6
50	693.068 0	0.234 1	0.680 4	80	666.901 6	0.277 2	0.729 4
51	628.947 3	0.407 3	0.796 6	81	644.106 3	0.377 3	0.779 8
52	648.848 2	0.313 3	0.764 1	82	749.151 2	0.194 0	0.612 6
53	716.158 2	0.172 6	0.591 4	83	602.632 3	0.388 8	0.804 4
54	707.752 5	0.183 6	0.620 9	84	665.443 0	0.309 5	0.734 1
55	741.959 5	0.197 5	0.633 4	85	709.432 1	0.181 8	0.602 7
56	635.217 2	0.406 5	0.789 9	86	675.020 1	0.338 5	0.768 6
57	724.437 5	0.224 4	0.670 3	87	699.094 6	0.226 3	0.671 2
58	652.600 6	0.304 0	0.756 2	88	718.453 7	0.140 4	0.582 3
59	636.949 4	0.347 4	0.774 0	89	751.527 2	0.186 5	0.599 8
60	742.993 0	0.196 7	0.630 5	90	716.829 3	0.175 1	0.594 3
61	620.703 4	0.357 5	0.782 8	91	684.945 8	0.249 9	0.702 7
62	736.397 3	0.157 8	0.569 8	92	741.371 6	0.161 1	0.576 2
63	691.593 9	0.244 8	0.693 8	93	688.005 7	0.323 2	0.746 5
64	649.259 3	0.311 9	0.758 1	94	664.811 0	0.304 7	0.737 5
65	631.642 5	0.354 5	0.779 1	95	752.500 6	0.188 3	0.602 2
66	715.124 6	0.173 5	0.593 6	96	667.850 2	0.283 5	0.729 5
67	616.046 9	0.425 0	0.802 3	97	739.371 6	0.202 3	0.639 1
68	748.302 4	0.192 4	0.612 0	98	657.683 0	0.294 0	0.743 3
69	622.445 8	0.398 5	0.798 5	99	612.883 1	0.364 2	0.791 7
70	600.852 5	0.387 4	0.805 4	100	717.431 2	0.170 6	0.586 4

表 4.13　枯水年下 MOBOA 算法最终获得的 Pareto 方案的目标函数值

方案编号	系统发电量（$\times 10^8$kW·h）	出力波动系数	生态效益指数	方案编号	系统发电量（$\times 10^8$kW·h）	出力波动系数	生态效益指数
1	635.020 9	0.159 0	0.650 3	31	621.114 4	0.124 9	0.701 1
2	636.727 9	0.170 9	0.655 1	32	556.417 0	0.331 8	0.867 9
3	550.257 7	0.345 7	0.870 0	33	562.433 5	0.312 9	0.857 0
4	622.401 6	0.105 4	0.658 6	34	618.124 0	0.139 2	0.720 0
5	550.726 4	0.345 0	0.870 0	35	603.199 1	0.234 3	0.802 1
6	580.189 9	0.304 1	0.843 6	36	568.910 9	0.297 2	0.850 4
7	553.527 8	0.337 7	0.869 9	37	596.025 3	0.261 6	0.825 3
8	610.724 5	0.155 1	0.739 7	38	612.667 0	0.147 7	0.727 5
9	577.791 6	0.266 5	0.828 0	39	603.226 6	0.236 0	0.803 8
10	622.480 7	0.122 0	0.699 0	40	590.369 3	0.204 8	0.780 9
11	624.936 0	0.119 7	0.691 3	41	635.222 7	0.159 9	0.650 9
12	634.646 6	0.157 6	0.654 6	42	556.832 2	0.330 8	0.867 1
13	554.180 1	0.340 2	0.869 8	43	630.316 8	0.206 4	0.673 3
14	623.834 0	0.120 5	0.694 1	44	561.994 9	0.315 2	0.858 5
15	563.846 6	0.311 5	0.854 9	45	632.151 2	0.193 6	0.666 9
16	567.498 0	0.302 2	0.850 7	46	555.049 6	0.336 6	0.869 3
17	581.731 5	0.299 7	0.843 3	47	599.479 8	0.182 2	0.763 5
18	581.560 9	0.300 0	0.843 4	48	609.951 6	0.161 7	0.743 7
19	632.664 7	0.198 0	0.665 5	49	611.127 7	0.159 6	0.741 6
20	601.073 7	0.178 3	0.759 9	50	573.393 1	0.275 0	0.839 3
21	622.631 0	0.117 7	0.686 8	51	597.439 6	0.254 5	0.821 1
22	616.787 1	0.145 5	0.725 2	52	614.486 8	0.151 2	0.732 3
23	619.388 6	0.136 3	0.718 2	53	567.983 7	0.302 6	0.851 0
24	635.377 0	0.160 8	0.653 4	54	563.518 6	0.310 1	0.854 2
25	627.849 0	0.119 0	0.669 1	55	555.970 9	0.333 5	0.868 0
26	611.874 4	0.154 5	0.736 1	56	574.923 3	0.279 6	0.833 7
27	630.514 7	0.179 4	0.670 6	57	585.114 4	0.291 2	0.841 1
28	628.800 1	0.127 1	0.663 3	58	626.624 6	0.119 0	0.674 2
29	566.178 0	0.304 8	0.851 0	59	614.912 5	0.141 5	0.722 7
30	625.503 3	0.113 2	0.682 7	60	616.265 9	0.147 2	0.726 7

续表

方案编号	系统发电量（$\times 10^8$kW·h）	出力波动系数	生态效益指数	方案编号	系统发电量（$\times 10^8$kW·h）	出力波动系数	生态效益指数
61	621.957 6	0.132 8	0.710 5	81	626.941 4	0.119 1	0.677 4
62	628.328 3	0.210 5	0.679 6	82	554.107 9	0.339 1	0.869 9
63	554.618 3	0.335 6	0.869 3	83	587.766 5	0.212 5	0.785 4
64	605.766 1	0.171 5	0.752 4	84	574.258 9	0.272 8	0.836 2
65	600.329 1	0.246 9	0.815 7	85	623.128 3	0.115 9	0.684 9
66	613.324 5	0.152 6	0.735 3	86	559.152 2	0.326 2	0.864 2
67	620.101 7	0.126 4	0.702 4	87	596.857 7	0.257 3	0.823 4
68	632.498 0	0.197 6	0.665 0	88	605.376 0	0.228 7	0.795 6
69	596.599 5	0.187 5	0.767 8	89	600.633 0	0.245 9	0.814 1
70	565.290 2	0.308 3	0.853 4	90	582.982 6	0.296 7	0.843 2
71	586.565 1	0.220 6	0.790 2	91	589.477 1	0.209 9	0.784 6
72	573.140 5	0.275 8	0.839 8	92	594.584 5	0.264 0	0.827 2
73	591.546 7	0.201 1	0.776 6	93	562.018 5	0.315 7	0.858 2
74	615.606 0	0.150 2	0.728 5	94	599.728 9	0.248 8	0.816 3
75	630.974 2	0.190 5	0.669 4	95	605.756 8	0.229 8	0.797 6
76	587.916 1	0.216 6	0.789 1	96	572.484 9	0.277 2	0.840 1
77	624.294 7	0.123 3	0.692 8	97	603.723 9	0.239 2	0.806 1
78	591.441 4	0.202 8	0.778 7	98	590.715 6	0.207 0	0.780 1
79	631.419 9	0.189 6	0.667 4	99	570.083 7	0.288 3	0.846 1
80	562.766 7	0.316 5	0.856 5	100	561.055 3	0.318 4	0.859 2

由于锦屏二级、官地、桐子林水库的调节能力有限，此处仅绘制锦屏一级、二滩水库的水位过程、出力过程。选取丰水年、平水年、枯水年系统发电量达到810亿kW·h、740亿kW·h、630亿kW·h的部分典型调度方案进行分析，如图4.5至图4.7所示。由图可知：(1) 图中不同来水情景下所有典型调度方案的水位、出力在所有调度时段均位于约束条件上下界范围内，说明MOBOA算法中种群生成和约束处理方面的有效性。(2) 在各来水情景下，典型调度方案的水位过程和出力过程呈现出类似的趋势，在非汛期蓄水维持较高水位，基本在5月末将水库水位消落至最小值，以保障汛期的防洪库容；后期逐步蓄水至正常

蓄水位。(3) 在各来水情景下,非汛期产生的出力较低,汛期产生的出力较高。丰水年锦屏一级、二滩水库的汛期出力分别占全年总出力的67%、65%;平水年锦屏一级、二滩水库的汛期出力分别占全年总出力的67%、62%;枯水年锦屏一级、二滩水库的汛期出力分别占全年总出力的62%、58.6%。随着来水量的降低,锦屏一级和二滩水库的汛期出力从基本满发状态逐步下降。相对来说,枯水年的出力过程较为平稳,但其整体月平均出力不及丰水年和平水年。

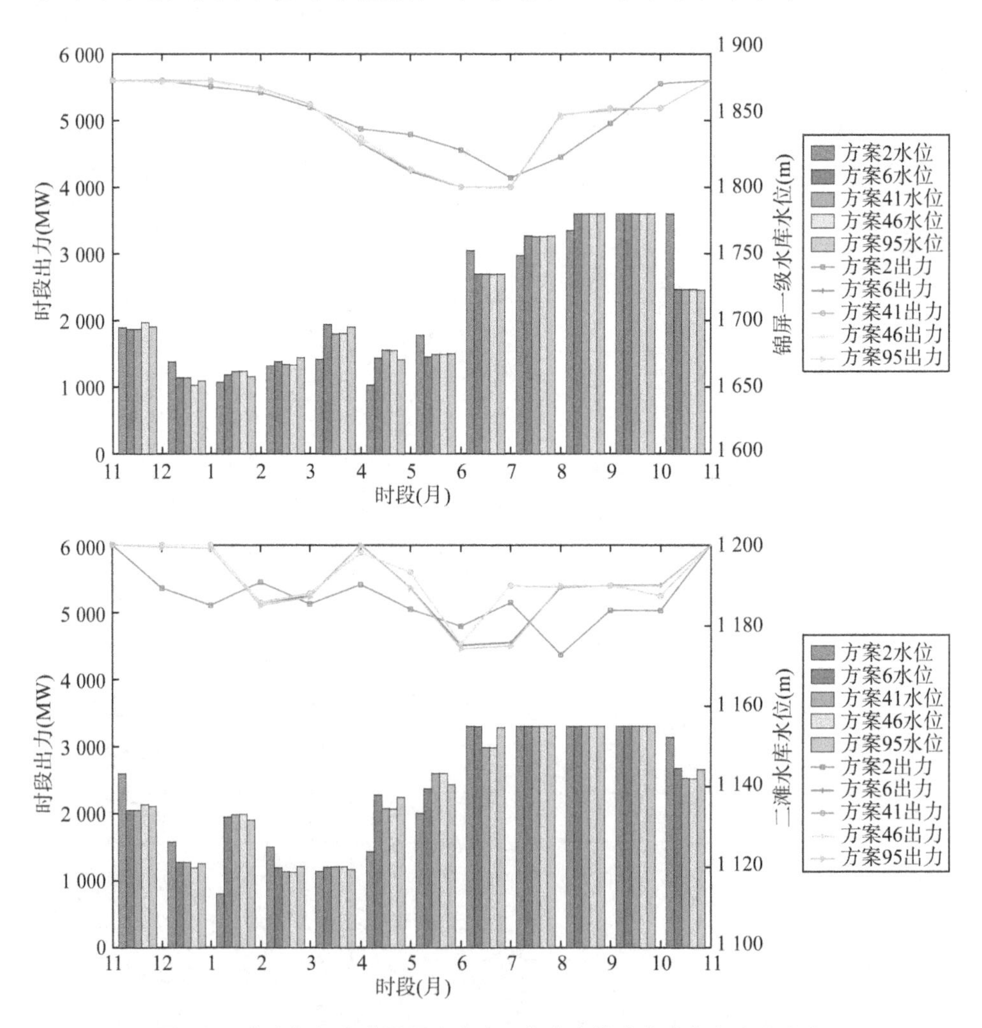

图 4.5 丰水年部分典型调度方案下各水库的水位变化和出力变化

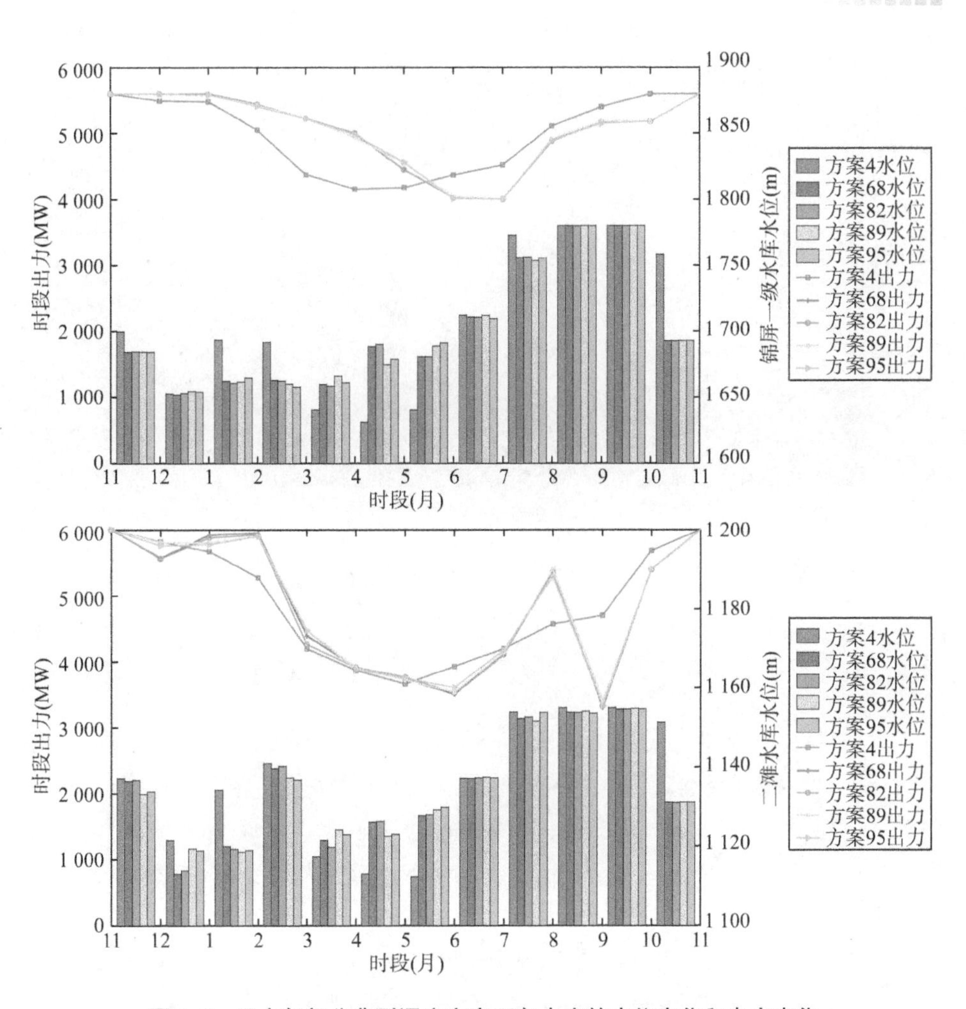

图 4.6　平水年部分典型调度方案下各水库的水位变化和出力变化

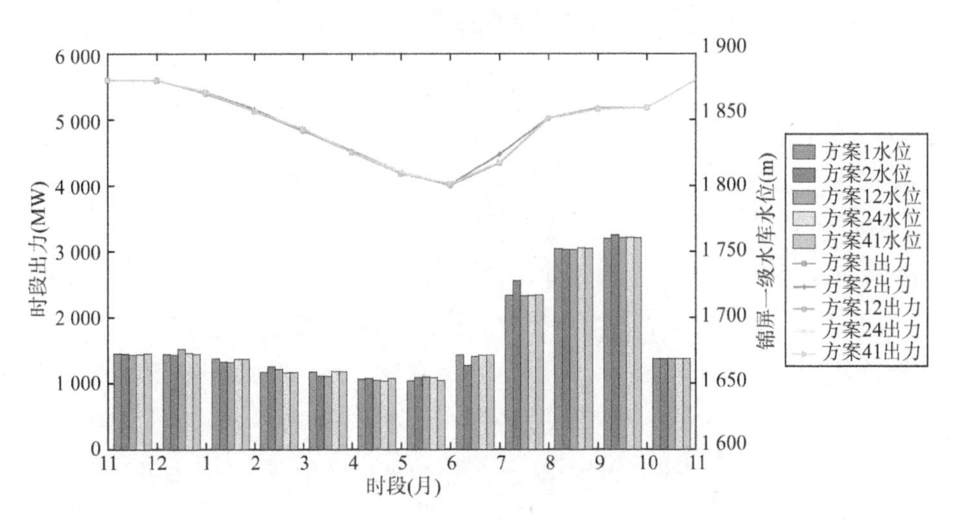

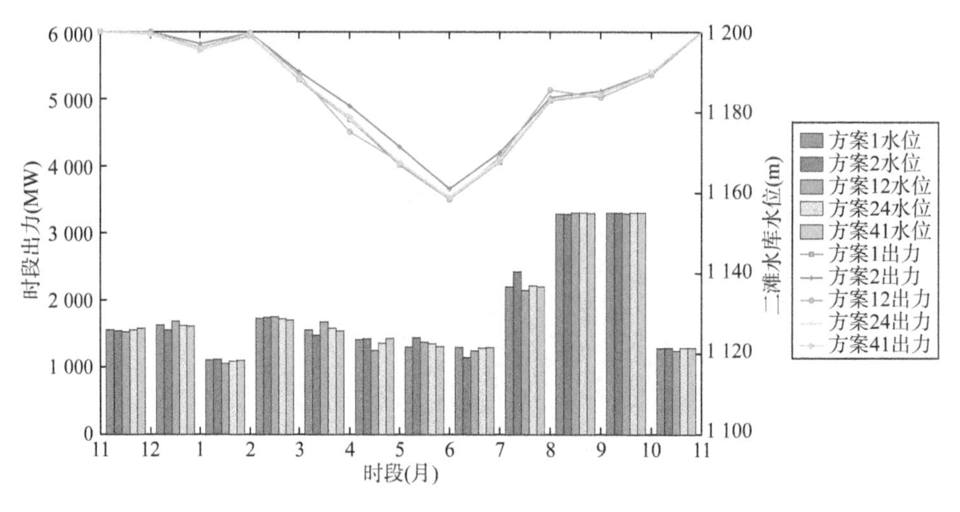

图 4.7 枯水年部分典型调度方案下各水库的水位变化和出力变化

4.4.3 基于集对分析理论-云模型的多目标竞争性分析

针对 4.4.2 节的优化调度结果，本节利用集对分析法（Set Pair Analysis，SPA）和云模型来分析多目标（系统发电量、出力波动系数和生态效益指数）的竞争关系。集对分析是一种系统分析方法，对于两个有一定联系的集合，可以从同、异、反三方面描述集合之间的联系，并通过集对势反映两个集合的联系趋势[189]。

本节将优化调度方案的各目标值按照从优到劣划分为 Ⅰ～Ⅴ 五个等级，分别对应集对同一度 a、偏同差异度 b_1、差异度 b_2、偏反差异度 b_3 和对立度 c 的五元联系数。目标值集合 f_1、f_2 的五元联系数 $u(f_1,f_2)$ 具体表示为：

$$u(f_1,f_2)=a+b_1I_1+b_2I_2+b_3I_3+cJ=\frac{S}{m}+\frac{F_1}{m}I_1+\frac{F_2}{m}I_2+\frac{F_3}{m}I_3+\frac{P}{m}J$$
$$a,b_1,b_2,b_3,c\in[0,1],\quad a+b_1+b_2+b_3+c=1 \tag{4.23}$$

式中，I_1、I_2、I_3 为各级差异度系数，J 为对立度系数，通常 I 取值范围为 $[-1,1]$，J 取值为 -1。I 与 J 有时仅起标记作用，不取值[190]。将 f_1、f_2 中的元素对照统计级别情况，S、F_1、F_2、F_3、P 分别为 f_1 和 f_2 相同级别、相差一级、相差二级、相差三级、相差四级的集对个数，m 为集对总数（Pareto 解的总数）。

在进行集对分析之前，采用正态云模型划分各目标值的等级。正态云模型考虑了数据的不确定性和评价等级的不确定性，可以客观地分析各目标值的隶属等级[191-192]。设U为用一个精确数值表示的定量论域，C为U上的定性概念，如果定量值$x \in U$，且x是定性概念C的一次随机实现，x对C的隶属度$\mu_C(x) \in [0,1]$是具有稳定倾向的随机数，则x在论域U上的分布称为云，$(x, \mu_C(x))$称为云滴[193]。各云滴为该定性概念映射至数域空间中的一个点，许多云滴则组成云。云的数字特征反映出定性概念的定量特征，可用期望Ex、熵En、超熵He来描述：

$$\mu = e^{-\frac{(x-Ex)^2}{2En'^2}} \tag{4.24}$$

其中，Ex最能代表定性概念（如Ⅰ级、Ⅱ级、Ⅲ级等），En反映该定性概念的不确定性，其值越大表示概念的模糊性和随机性越大，He是对En的不确定性量化，其值越大表示云滴的凝聚度越差，即隶属度的随机性越大。

云发生器主要分为正向云发生器和逆向云发生器，前者可从定性概念中获得定量值的分布范围，后者则可从定量数据中转换出定性概念。本节采用正向云发生器获取不同来水情景下各目标值的等级划分。计算过程如下。

Step 1：对N个Pareto解，将各目标值从小到大排列，均匀划分为五个级别，取出各目标值对应的分级阈值$C_{ij}^{\min}$和$C_{ij}^{\max}$。考虑分级阈值处隶属于两种等级，由式(4.26)可推导得到式(4.27)，计算以下参数[194]：

$$Ex_{ij} = (C_{ij}^{\min} + C_{ij}^{\max})/2 \tag{4.25}$$

$$\exp\left[-\frac{(C_{ij}^{\max} - C_{ij}^{\min})^2}{8(En_{ij})^2}\right] = 0.5 \tag{4.26}$$

$$En_{ij} = |C_{ij}^{\max} - C_{ij}^{\min}|/2.355 \tag{4.27}$$

式中，$C_{ij}^{\min}$和$C_{ij}^{\max}$分别表示目标$i(i=1,2,3)$在等级$j(j=1,2,3,4,5)$的阈值下限和上限。考虑到各目标值的量级差异，取$He_{1j}=0.01$，$He_{2j}=He_{3j}=0.0001$。

Step 2：生成以En_{ij}为期望，以He_{ij}^2为方差的正态随机数En'_{ij}。

Step 3：生成以Ex_{ij}为期望，以En_{ij}^2为方差的正态随机数x_{ij}。

Step 4：根据式(4.24)计算隶属度μ_{ij}，即(x_{ij}, μ_{ij})为一个云滴。

Step 5：重复Step 1～4直至生成足够的云滴。结合实际情况，设置分级阈值两端的隶属度为1。不同来水情景下各目标值等级划分结果如图4.8所示。

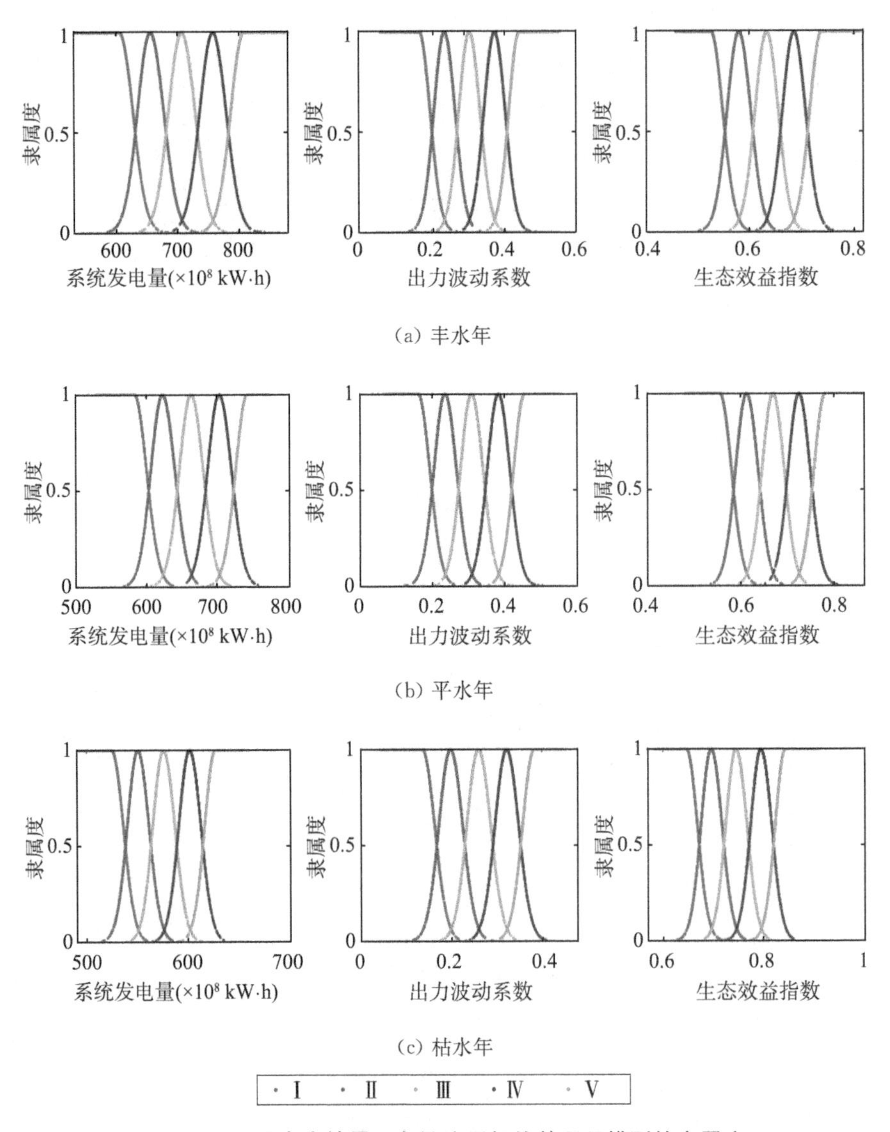

图 4.8　不同来水情景下各调度目标值基于云模型的隶属度

集对势 $shi(u)$ 是联系数的一种重要伴随函数，通过比较同一度 a 与对立度 c 的比值和 1 的大小关系，刻画两个集合之间的发展动态。

$$shi(u)=\frac{a}{c} \tag{4.28}$$

当 $shi(u)$ 大于 1 时，把集对 u 的联系态势称为同势，说明 u 中的两个集合有同向的联系趋势；当 $shi(u)$ 等于 1 时，把集对 u 的联系态势称为均势，说明 u

中的两个集合同向和反向的联系趋势大致相当；当 $shi(u)$ 小于 1 时，把集对 u 的联系态势称为反势，说明 u 中的两个集合有反向的联系趋势。金菊良等[195]提出了五元联系数的减法集对势计算公式：

$$s_f(u) = (a-c)(1+b_1+b_2+b_3)+0.5(b_1-b_3)(b_1+b_2+b_3) \quad (4.29)$$

式中，当 $a=b_1=b_2=b_3=0$、$c=1$ 时，$s_f(u)$ 取值为 -1；当 $b_1=b_2=b_3=c=0$、$a=1$ 时，$s_f(u)$ 取值为 1，即 $s_f(u)\in[-1,1]$。将 $s_f(u)$ 分为五个势级：当 $s_f(u)\in[-1.0,-0.6)$ 时为反势，当 $s_f(u)\in[-0.6,-0.2)$ 时为偏反势，当 $s_f(u)\in[-0.2,0.2]$ 时为均势，当 $s_f(u)\in(0.2,0.6]$ 时为偏同势，当 $s_f(u)\in(0.6,1]$ 时为同势。

基于不同来水情景下系统发电量、出力波动系数和生态效益指数的集对，计算其同一度、差异度、对立度、集对势和减法集对势，集对分析结果见表 4.14。由表可知：(1) 在不同来水情景下，都出现了 $a<c$，$b_1\leqslant b_3$，且 $shi(u)$ 均小于 1，说明目标集对之间有反向的联系趋势，即存在竞争关系。其中，系统发电量与出力波动系数集对的 $shi(u)$ 值较大，而出力波动系数与生态效益指数、系统发电量与生态效益指数集对的 $shi(u)$ 值均较小。这说明相对而言，系统发电量与出力波动系数之间的竞争关系较弱，而这两者与生态效益指数之间均存在较明显的竞争关系。(2) 相比于集对势 $shi(u)$，减法集对势 $s_f(u)$ 能够更加精细地刻画集对之间的势力关系。在不同来水情景下，系统发电量与出力波动系数集对呈现出均势（$s_f(u)$ 平均值为 -0.10），而出力波动系数与生态效益指数、系统发电量与生态效益指数集对呈现出偏反势（$s_f(u)$ 平均值分别达到 -0.38 和 -0.39），同样能够反映出系统发电量、出力波动系数均与生态效益指数之间均存在较明显的竞争关系，这与 $shi(u)$ 的计算结果相一致。随着来水量减少各目标之间的冲突有一定的加剧趋势。

表 4.14 不同来水情景下各调度目标值的集对分析结果

来水情景	集对	a	b_1	b_2	b_3	c	$shi(u)$	$s_f(u)$	势级
丰水年	f_1-f_2	0.16	0.21	0.21	0.21	0.21	0.78	−0.08	均势
	f_2-f_3	0.04	0.23	0.24	0.24	0.24	0.18	−0.34	偏反势
	f_1-f_3	0.04	0.18	0.26	0.26	0.26	0.17	−0.40	偏反势
平水年	f_1-f_2	0.13	0.22	0.22	0.22	0.22	0.62	−0.13	均势
	f_2-f_3	0.04	0.21	0.25	0.25	0.25	0.17	−0.37	偏反势
	f_1-f_3	0.06	0.20	0.25	0.25	0.25	0.26	−0.32	偏反势

续表

来水情景	集对	a	b_1	b_2	b_3	c	$shi(u)$	$s_f(u)$	势级
枯水年	f_1-f_2	0.15	0.21	0.21	0.21	0.21	0.72	−0.10	均势
	f_2-f_3	0.04	0.17	0.26	0.26	0.26	0.15	−0.42	偏反势
	f_1-f_3	0.04	0.14	0.28	0.28	0.28	0.13	−0.45	偏反势

4.5 小结

考虑到水利工程对生态流量的影响，本章利用 Mann-Kendall 突变检验法、有序聚类法、Pettitt 法、Lepage 法综合分析了雅砻江下游锦屏站和小得石站年径流序列的变异特征，通过两参数月水量平衡模型计算了站点的天然月径流。在此基础上，采用经典的 Tennant 法和逐月频率曲线法计算了河道适宜生态流量区间。从保障系统发电量、出力稳定性及生态效益的角度出发，建立了雅砻江下游梯级水库群多目标优化调度数学模型，并采用第三章提出的基于多策略融合的多目标优化算法进行模型求解，得到不同典型水文年来水情景下的多目标优化调度结果。最后利用集对分析和云模型分析了多目标调度结果的竞争互馈关系。结果表明：(1) MOBOA 算法在最大总发电量、最小出力波动系数、最大生态效益指数上计算的平均排名分别为 1.3、1.3、1，优于其他对比算法；且其计算结果的标准差较小，说明 MOBOA 算法在求解梯级水库多目标调度模型中具有比较优秀的收敛性和分布性，可以提供一系列满足约束条件的 Pareto 方案。(2) 不同来水情况下，系统发电量、出力波动系数和生态效益指数均表现出一定的竞争关系。随着来水降低，竞争关系有一定的加剧趋势。

第五章

径流预报不确定性下的梯级水库群调度风险分析与决策

5.1 引言

上一章将 MOBOA 算法用于求解梯级水库群多目标优化问题，获得了一系列高质量的调度方案集。这些调度方案往往分布于各个调度目标之间，在决策空间中无法比较其优劣。引入决策者的偏好之后，可以权衡不可公度的多个决策属性，通过多属性对各调度方案进行综合评估，从有限个调度方案集中选出最佳均衡方案，并给出方案的优劣性排序，这实际上是一个多属性决策问题。目前已有多种决策模型在水库调度决策领域得到广泛应用，如逼近理想解法(Technique for Order Preference by Similarity to Ideal Solution，TOPSIS)[196-197]、模糊理论[198]、多准则妥协解(Vlsekriterijumska Optimizacija I Kompromisno Resenje，VIKOR)[199]等。这些决策方法大多是利用各方案与正/负理想解(极值)之间的距离来对方案进行排序。但极值有时难以计算，给排序结果造成误差。平均解距离评价(Evaluation based on Distance from Average Solution，EDAS)[200]是一种新型多属性决策方法，将正/负理想解替换成更具实际意义的平均解，在参数难以调和的情况下，这种折中的思想更加符合实际利益[201]。该方法在供应商选择[202-203]、选址问题[204]等领域已有广泛应用，但目前在水库调度决策中尚无应用。由于径流预报的不确定性，预报入库径流与实际入库径流常常存在差异，这给水库群调度与决策带来了诸多风险，使得水库系统的调度效益难以充分发挥。现有的决策方法中大多采用单个实数描述属性值，难以完整表达属性的不确定性特征。

本章通过随机场景生成法定量分析径流预报误差给水库群调度带来的风险，并在此基础上开展多属性决策研究来推荐最佳均衡方案，为梯级水库系统的调度运行提供可靠的决策支持。为了提高随机场景生成的效率，利用变分自动编码器(Variational Autoencoder，VAE)来无监督地生成符合预测误差特性的径流随机场景。将生成的径流场景输入各调度方案中，并对各方案的多目标调度风险进行分析，根据风险分析结果建立均值和区间数多属性决策矩阵。采用分层赋权法和基于属性删除效应方法分别计算各属性的主观和客观权重，再通过博弈论思想计算各属性的组合权重。最后针对风险均值决策属性矩阵和风险区间数决策属性矩阵，分别采用平均解距离评价(EDAS)和基于区间数 EDAS 的多属性决策方法对丰、平、枯三种典型年下的调度方案进行了优劣排序，并以其平均排名作为最终决策依据。

5.2 基于变分自动编码器的径流预报场景生成

5.2.1 变分自动编码器方法

自动编码器(Auto-Encoder,AE)是一种神经网络模型,该模型最初是为了对数据进行压缩。AE 主要包括用于压缩数据的函数(编码器)和用于解压数据的函数(解码器),这些函数通过神经网络来计算。将数据 x 输入编码器后可以得到隐变量 z,然后再通过解码器从 z 还原得到 x',模型的损失是原始数据 x 和还原数据 x'的差异。变分自动编码器[205](Variational Autoencoder,VAE)是由 AE 衍生出的一种新型深度生成模型,其训练经过正则化以避免过度拟合。与 AE 不同,VAE 不是用确定数值的方式描述隐变量,而是用概率的方法描述隐变量,从概率分布中采样获得不确定的隐变量,再对隐变量进行解码即可获得与训练数据类似但不相同的生成样本。AE 和 VAE 的模型结构区别如图 5.1 所示。

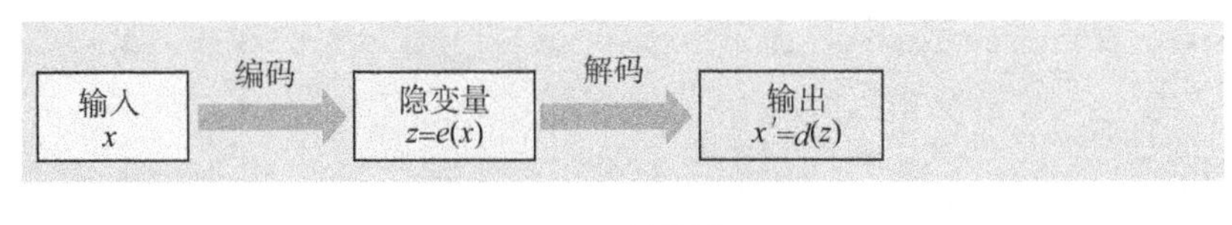

(1) AE 结构图

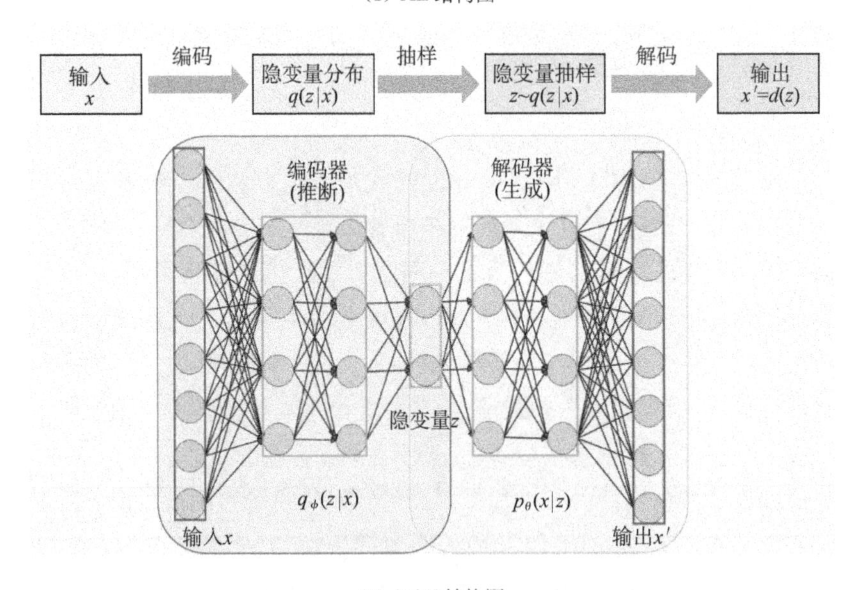

(2) VAE 结构图

图 5.1 AE 和 VAE 的模型结构区别

从图 5.1 可以看出，VAE 模型分为两个部分：隐变量 z 后验分布的近似推断过程 $q_\phi(z|x)$（编码器），以及由 z 获取新样本的条件生成过程 $p_\theta(x|z)$（解码器）。VAE 生成新样本的关键在于获得 $p_\theta(x|z)$。在 z 独立同分布的假设下，利用对数最大似然估计 $p_\theta(x|z)$的参数：

$$\log p_\theta(x^{(1)},x^{(2)},\cdots,x^{(N)})=\sum_{i=1}^{N}\log p_\theta(x^{(i)}) \tag{5.1}$$

VAE 中通过推断模型 $q_\phi(z\mid x^{(i)})$ 去逼近真实的后验概率 $p_\theta(z\mid x^{(i)})$，使用 KL 散度 D_{KL} 来衡量两个分布的相似程度：

$$\log p_\theta(x^{(i)})=D_{KL}(q_\phi(z\mid x^{(i)})\parallel p_\theta(z\mid x^{(i)}))+L(\theta,\phi;x^{(i)}) \tag{5.2}$$

上式中右边第一项为真实后验近似的 KL 散度，由于其具有非负特性，可得 $\log p_\theta(x^{(i)})\geqslant L(\theta,\phi;x^{(i)})$，$L(\theta,\phi;x^{(i)})$ 称为数据点 $x^{(i)}$ 的边际似然的变分下界，VAE 模型的最终目标是使得该变分下界最大，可以重写为如下形式[206]：

$$L(\theta,\phi;x^{(i)})=-D_{KL}(q_\phi(z\mid x^{(i)})\parallel p_\theta(z))+E_{q_\phi(z|x^{(i)})}[\log p_\theta(x^{(i)}\mid z)] \tag{5.3}$$

式(5.3)右边第一项是后验分布 $q_\phi(z\mid x^{(i)})$ 和隐变量 z 分布 $p_\theta(z)$ 之间的 KL 散度，令 $q_\phi(z\mid x^{(i)})$ 为独立高斯分布，$p_\theta(z)$ 为标准正态分布，则：

$$D_{KL}(q_\phi(z\mid x^{(i)})\parallel p_\theta(z\mid x^{(i)}))=\frac{1}{2}[1+\log(\sigma^{(i)})^2-(\mu^{(i)})^2-(\sigma^{(i)})^2] \tag{5.4}$$

式(5.3)右边第二项是关于 $x^{(i)}$ 后验概率的对数似然，是重构误差损失，描述了生成数据和原始数据之间的差异。这一项不能求出解析解，可以通过蒙特卡洛抽样得到：

$$E_{q_\phi(z|x^{(i)})}[\log p_\theta(x^{(i)}\mid z)]\approx\frac{1}{L}\sum_{l=1}^{L}\log p_\theta(x^{(i)}\mid z^{(i,l)}) \tag{5.5}$$

在 VAE 学习过程中，令 $z^{(i,l)}=\mu^{(i)}+\sigma^{(i)}\odot\varepsilon^{(l)}$ 且 $\varepsilon^{(l)}\sim N(0,I)$，其中 $\odot$ 表示逐元素乘积。从后验分布中采样 $z^{(i,l)}\sim q_\phi(z\mid x^{(i)})$，其中 $q_\phi(z\mid x^{(i)})$ 和 $p_\theta(z)$ 均为高斯分布。将 KL 散度和自动编码器误差重构损失整理到一起，得到数据点 $x^{(i)}$ 处的损失函数表达式如下：

$$L(\theta,\phi;x^{(i)})=\frac{1}{2}\sum_{j=1}^{J}[1+\log(\sigma_j^{(i)})^2-(\mu_j^{(i)})^2-(\sigma_j^{(i)})^2]+\frac{1}{L}\sum_{l=1}^{L}\log p_\theta(x^{(i)}\mid z^{(i,l)}) \tag{5.6}$$

VAE模型为训练编码器的权重 θ 和解码器的权重 ϕ 通过深度神经网络来逼近训练数据的概率分布，优化网络的损失函数，在此基础上产生符合数据分布规律的新样本。目前VAE在图像生成[207]、故障诊断[208]、语音转换[209]等领域得到了广泛应用。

5.2.2 径流预报场景生成结果

本节提出了一种基于变分自动编码器（VAE）的径流预报场景生成方法，其优势在于训练收敛性稳定，所生成的径流在保证多样性的同时能够很好地反映预测误差的统计特性。本次输入数据为第二章不同预见期下的径流预报误差，利用Python中的Keras搭建VAE模型，随机生成2 000组预报误差，其与原预报误差在均值上的统计结果见表5.1。由表可知，大部分预见期下原预报误差与VAE生成预报误差的均值很接近，基本能够保留原预报误差的统计特性。

表5.1 原预报误差和VAE生成预报误差的均值对比

预见期(月)	原预报误差系列	VAE生成预报误差系列
1	−0.10	−0.11
2	−0.14	−0.14
3	−0.15	−0.15
4	−0.04	−0.05
5	0.27	0.37
6	0.04	0.13
7	0.02	0.02
8	0.11	0.07
9	−0.16	−0.17
10	−0.02	−0.04
11	−0.19	−0.19
12	−0.03	−0.03

将VAE生成的2 000组预报误差系列分别叠加到丰、平、枯典型年的径流过程，得到各典型年的径流预报随机场景，如图5.2所示。从图中可以看出，枯水期（11—4月）的月径流预报误差较低，预报不确定性的区间较窄；汛期（5—

10 月)的月径流预报误差较高,特别是 6—8 月径流预报不确定性的区间较宽。生成的径流预报场景中,丰水年的最大月径流约 3 700 m^3/s,平水年的最大月径流约 3 200 m^3/s,枯水年的最大月径流约 2 400 m^3/s。

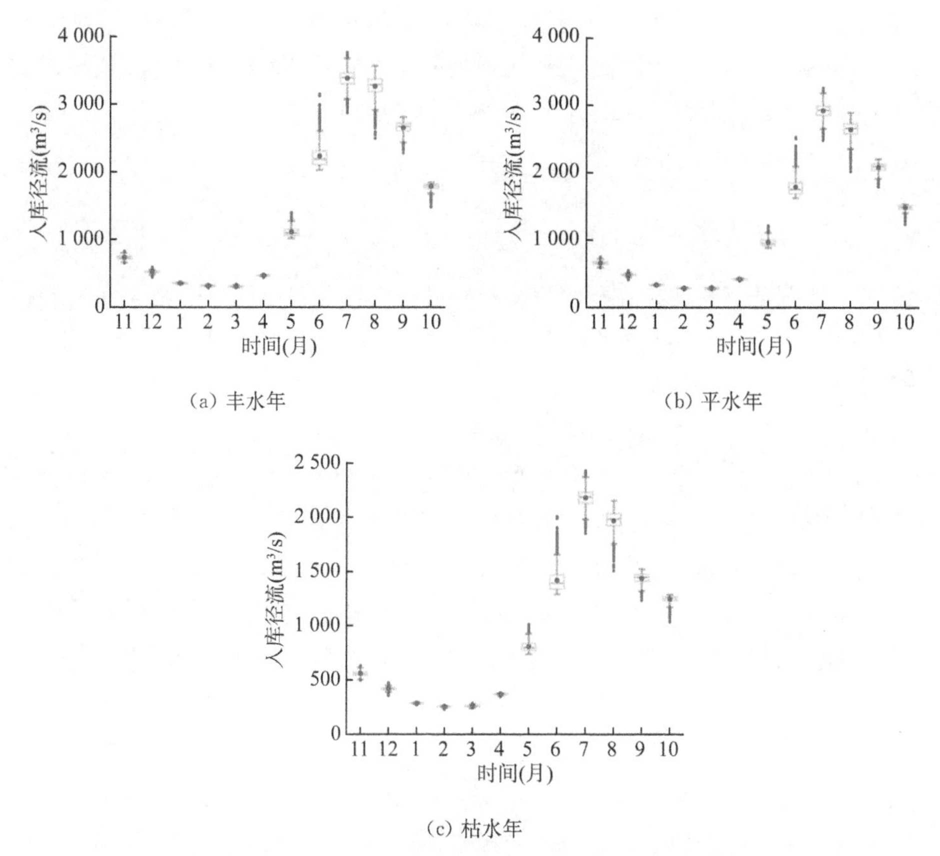

图 5.2　不同典型来水情景下的径流预报场景生成结果

5.3　梯级水库群多目标调度风险分析

考虑到入库径流预报的不确定性,5.2 节利用变分自动编码器生成了一系列径流预报随机场景,结合 4.4.2 节中的备选调度方案,采用水位控制方式模拟不同径流场景下梯级水库群多目标联合优化调度,计算不同典型来水年下各方案的调度目标值及调度风险指标,其均值统计结果见附录 A,其区间数统计结果见附录 B。其中,前三个指标为多目标优化调度的目标函数(系统发电量、出力波动系数和生态效益指数)。发电量风险(*RiskElec*)为无预报误差下的优化发

电量 E^* 与有预报误差下的发电量 E_{error} 之差占优化发电量 E^* 的比例，生态风险（$RiskEco$）为无预报误差下的生态效益指数 f_3^* 与有预报误差下的生态效益指数 $f_{3,error}$ 之差占优化生态效益指数 f_3^* 的比例。这两个值反映了预报误差对系统发电量和生态效益指数带来的影响，其值越小越好。例如：发电量风险为5%表示相比于原理想发电量（无径流预报误差时的系统发电量），径流预报误差导致系统发电量不足，下降了 5%。具体计算方式如下：

$$RiskElec = (E^* - E_{error})/E^* \tag{5.7}$$

$$RiskEco = (f_3^* - f_{3,error})/f_3^* \tag{5.8}$$

表 5.2 统计了有无径流预报误差影响的方案调度目标均值。由表 5.2 和附表 A 可知：(1) 由于径流预报误差的存在，各典型年调度方案的系统发电量、出力波动系数出现了不同程度的恶化，生态效益指数的变化较小。其中，丰水年、平水年、枯水年下各方案的系统发电量平均值分别从 740.686 9 亿 kW·h、682.568 2 亿 kW·h、597.012 9 亿 kW·h 下降到 684.892 6 亿 kW·h、672.423 1 亿 kW·h、584.008 6 亿 kW·h，降低幅度分别约为 7.5%、1.5%、2.2%。丰水年、平水年、枯水年下各方案的出力波动系数平均值分别上升了12.7%、9.2%、8.2%。丰水年下各方案的生态效益指数平均值下降了 0.003 4，平水年和枯水年下各方案的生态效益指数平均值分别上升了 0.006 9、0.007 4；各典型年生态效益指数的变化小于等于 1%。这说明来水不确定性对系统发电量和出力稳定性有一定的负面影响。(2) 丰水年、平水年、枯水年下各方案的发电量风险平均值分别为 7.2%、1.54%、2.19%，生态风险平均值分别为 0.94%、0.36%、0.30%。来水量越大，系统发电量越高，面临的发电量风险越大。各典型年的生态风险平均值较低，这是因为本次生态效益计算中采用的是适宜生态流量区间，对生态目标的要求较为宽松。

表 5.2　有无径流预报误差影响的方案调度目标均值

典型年	径流预报	系统发电量（$\times 10^8$ kW·h）	出力波动系数	生态效益指数
丰水年	无径流误差	740.686 9	0.284 0	0.673 0
	有径流误差	684.892 6	0.320 0	0.669 6
	指标变化	−7.5%	12.7%	−0.5%
平水年	无径流误差	682.568 2	0.269 7	0.696 1
	有径流误差	672.423 1	0.294 4	0.703 0
	指标变化	−1.5%	9.2%	1.0%

续表

典型年	径流预报	系统发电量(×10^8 kW·h)	出力波动系数	生态效益指数
枯水年	无径流误差	597.012 9	0.223 1	0.773 5
	有径流误差	584.008 6	0.241 5	0.780 9
	指标变化	−2.2%	8.2%	1.0%

从附表B可以看出:(1) 丰水年有部分调度方案系统发电量的波动较大,平均波动发电量达到约250亿kW·h,占系统发电量平均值的36.5%;其余调度方案系统发电量的平均波动值约36亿kW·h,占系统发电量平均值的5.3%。平水年和枯水年下调度方案系统发电量的平均波动值约40亿kW·h,分别占系统发电量平均值的5.9%、6.8%。这说明在径流预报误差的影响下,丰水年有一部分调度方案的系统发电量较不稳定。(2) 丰水年、平水年、枯水年下调度方案的出力波动系数平均波动值分别为0.063 0、0.051 8、0.061 6,占出力波动系数平均值的19.7%、17.6%、25.5%;生态效益指数平均波动值分别为0.032 5、0.033 3、0.033 3,占生态效益指数平均值的4.9%、4.7%、4.3%。由此可知,径流预报误差对丰水年的系统发电量、出力波动系数影响比对生态效益指数的影响大。径流预报误差对平水年和枯水年的出力波动系数影响最大,对系统发电量和生态效益指数的影响相对较小。(3) 丰水年、平水年、枯水年下调度方案的发电量风险平均波动值分别为15.31%、4.44%、5.91%;生态风险平均波动值分别为3.13%、1.63%、1.33%。这些风险指标的波动范围较大,超过了其平均值。相对来说,丰水年的发电量风险、生态风险波动更大。

5.4　考虑径流预报不确定性的水库群多属性决策

5.4.1　决策矩阵的构建与规范化

常用的规范化方法有向量规范法、线性变换法、极差变换法等。其中极差变换法在多属性决策问题求解中应用广泛。本研究中,系统发电量、生态效益指数为效益型属性,出力波动系数、发电量风险和生态风险为成本型属性。对均值效益型属性,其极差变换公式如下:

$$r_{ij}=\frac{x_{ij}-\min\limits_i x_{ij}}{\max\limits_i x_{ij}-\min\limits_i x_{ij}} \tag{5.9}$$

对均值成本型属性,其极差变换公式如下:

$$r_{ij}=\frac{\max\limits_{i}x_{ij}-x_{ij}}{\max\limits_{i}x_{ij}-\min\limits_{i}x_{ij}} \tag{5.10}$$

式中，x_{ij} 为第 i 个方案属性 j 的值，r_{ij} 为规范化后第 i 个方案属性 j 的值，$i=1,2,\cdots,m$，其中 m 为方案总数。

设区间数决策矩阵中的元素为 $[x_{ij}^{-},x_{ij}^{+}]$，其中 x_{ij}^{-} 为第 i 个方案属性 j 的最小值，x_{ij}^{+} 为第 i 个方案属性 j 的最大值。对区间数效益型属性，其极差变换公式如下：

$$[r_{ij}^{-},r_{ij}^{+}]=\left[\frac{x_{ij}^{-}-\min\limits_{i}x_{ij}^{-}}{\max\limits_{i}x_{ij}^{+}-\min\limits_{i}x_{ij}^{-}},\frac{x_{ij}^{+}-\min\limits_{i}x_{ij}^{-}}{\max\limits_{i}x_{ij}^{+}-\min\limits_{i}x_{ij}^{-}}\right] \tag{5.11}$$

对区间数成本型属性，其极差变换公式如下：

$$[r_{ij}^{-},r_{ij}^{+}]=\left[\frac{\max\limits_{i}x_{ij}^{+}-x_{ij}^{+}}{\max\limits_{i}x_{ij}^{+}-\min\limits_{i}x_{ij}^{-}},\frac{\max\limits_{i}x_{ij}^{+}-x_{ij}^{-}}{\max\limits_{i}x_{ij}^{+}-\min\limits_{i}x_{ij}^{-}}\right] \tag{5.12}$$

式中，r_{ij}^{-} 和 r_{ij}^{+} 分别为规范化后第 i 个方案属性 j 的最小值和最大值，$i=1,2,\cdots,m$，其中 m 为方案总数。

根据 5.3 节梯级水库群多目标优化调度风险分析结果，选择从系统发电量、出力波动系数、生态效益指数、发电量风险和生态风险 5 个属性角度出发，对各典型来水场景下的备选方案进行综合度量，这 5 个属性依次记为 c_1,c_2,c_3,c_4,c_5。按照式(5.9)和式(5.11)分别对系统发电量、生态效益指数的均值和区间数进行规范化；按照式(5.10)和式(5.12)分别对出力波动系数、发电量风险和生态风险的均值和区间数进行规范化，可以得到不同来水情景下规范化的均值决策矩阵和区间数决策矩阵。

5.4.2 基于分层赋权法和属性删除效应方法的组合赋权

权重处理是多属性决策中的关键问题之一。目前的赋权方法主要分为三类：主观赋权方法、客观赋权方法和组合赋权方法。主观赋权方法中权重大小取决于决策者的偏好，其主要包括层次分析法(AHP)、简单多属性评级技术(SMART)、基于分类方法测量属性(MACBETH)等。当属性数量增加时，这类方法制定权重的效率和准确性会降低。客观赋权方法的权重由决策矩阵数据计算得到，决策者的偏好不起作用，主要包括熵权法、CRITIC 法等。组合赋权方法对不同的主观和客观赋权方法进行组合，由于这类方法可以同时利用决策者的偏好和决策矩阵的信息，它们可以提供更加贴近实际的权重，主要包括加权平均法、Copeland 法、博弈理论等。本节通过分层赋权法确定主观权重，通过基于属性删除效应方法确定客观权重，然后以最小化主观和客观权重结果之间的异质性为目标，利用博弈论计算组合权重。

(1) 基于 LBWA 的主观赋权

分层赋权法(Level Based Weight Assessment，LBWA)[210]是 2019 年提出的一种新型主观赋权方法。在定义最重要属性的基础上，LBWA 以此为基准按照重要性程度将其余属性进行分层，再在层内对属性的重要性进行排序和相邻比较。近年来，LBWA 方法受到了广泛关注，已应用于机场地面调度决策[211]、海上风电场位置决策[212]等领域。LBWA 方法的具体计算步骤如下。

Step 1：根据专家意见在属性集合$\{c_1,c_2,\cdots,c_m\}$中确定最重要的属性，定义为最优属性 c_B。

Step 2：除 c_B 外，剩余属性按重要性程度分成不同的层级。将与最优属性重要性相同的属性或比最优属性重要性低 2 倍以内(不含 2 倍)的属性划分到 S_1 层；比最优属性重要性低 2 到 3 倍(不含 3 倍)的属性划分到 S_2 层；比最优属性重要性低 K 到 $K+1$ 倍(不含 $K+1$ 倍)的属性划分到 S_K 层。如此分层后可对属性的重要性有粗略的定义[213]。假设属性 c_j 的重要性为 $s(c_j)$，其中 $j=1,2,\cdots,m$。那么 $S=S_1\cup S_2\cup\cdots\cup S_K$，其中对层级 $i\in\{1,2,\cdots,K\}$，有：

$$S_i=\{c_{i_1},c_{i_2},\cdots,c_{i_s}\}=\{c_j\in S:i\leqslant s(c_j)<i+1\} \tag{5.13}$$

且对于任意 $p,q\in\{1,2,\cdots,K\}$，若 $p\neq q$，则 $S_p\cap S_q=\varnothing$。如此即可完成属性分层。

Step 3：比较同一层级内各属性的重要性。对层级 $S_i=\{c_{i_1},c_{i_2},\cdots,c_{i_s}\}$ 中的各属性 $c_{i_p}\in S_i$ 赋值一个整数 $I_{i_p}\in\{0,1,\cdots,r\}$ 来描述其重要性。其中最重要的属性 c_B 对应的整数赋为 0。如果属性 c_{i_p} 比属性 c_{i_q} 重要，则 $I_p<I_q$；如果属性 c_{i_p} 与属性 c_{i_q} 一样重要，则 $I_p=I_q$。r 是由分层结果决定的一个常数，描述了层内属性重要性判断的最大差异性。

$$r=\max\{|S_1|,|S_2|,\cdots,|S_K|\} \tag{5.14}$$

式中，$|S_K|$表示 S_K 中的属性个数。

Step 4：计算各个属性的影响函数。对于属性 $c_{i_p}\in S_i$，其影响函数计算公式如下：

$$f(c_{i_p})=\frac{r_0}{i\cdot r_0+I_{i_p}} \tag{5.15}$$

式中，r_0 表示弹性系数，需满足 $r_0>r$，通常令 $r_0=r+1$[214]。i 表示所在层级编号，I_{i_p} 表示对属性 c_{i_p} 赋值的重要性整数。

Step 5：计算最优属性 c_B 的权重 w_B 和其余属性 c_j 的权重 w_j：

$$w_B=\frac{1}{\sum_i\sum_p f(c_{i_p})} \tag{5.16}$$

$$w_j=f(c_j)\cdot w_B \tag{5.17}$$

根据前述对 LBWA 方法的介绍，结合 5.3 节梯级水库群多目标优化调度风险分析结果，首先需要根据专家意见从系统发电量、出力波动系数、生态效益指数、发电量风险和生态风险 5 个属性中确定最重要的属性，并对各属性的重要性进行模糊分层判断。本次通过线上、线下共发放问卷 50 份，回收有效问卷 36 份，根据专家意见统计不同来水情景下各属性的分层结果见表 5.3，其中加粗的属性为最重要属性。丰水年来水量较大，下泄流量相对较大，大部分时段能够满足生态流量需求，因此丰水年重点关注其他属性如系统发电量和出力波动系数。在枯水年由于来水量较小，更加关注生态效益指数，以保障供电的稳定性。根据式(5.14)可计算不同来水情景下的 r 和 r_0 值，在此基础上根据专家意见可获得其余属性相对于最优属性的重要性评判值，见表 5.4。根据式(5.15)～式(5.17)计算不同来水情景下各个属性的 LBWA 影响函数和权重，见表 5.5。

表 5.3 典型来水情景下的属性重要性分层结果

来水情景	属性分层结果
丰水年	S_1：$\boldsymbol{c_1}$**(系统发电量)**；c_2(出力波动系数)；c_4(发电量风险) S_2：c_3(生态效益指数)；c_5(生态风险)
平水年	S_1：$\boldsymbol{c_1}$**(系统发电量)**；c_2(出力波动系数) S_2：c_3(生态效益指数)；c_4(发电量风险)；c_5(生态风险)
枯水年	S_1：$\boldsymbol{c_3}$**(生态效益指数)**；c_1(系统发电量) S_2：c_2(出力波动系数)；c_4(发电量风险)；c_5(生态风险)

表 5.4 典型来水情景下的属性重要性评判值计算结果

来水情景	r	r_0	重要性评判值 I
丰水年	3	4	S_1：$I_1=0, I_2=1, I_4=1$；S_2：$I_3=2, I_5=2$

续表

来水情景	r	r_0	重要性评判值 I
平水年	3	4	$S_1: I_1=0, I_2=1; S_2: I_3=3, I_4=2, I_5=3$
枯水年	3	4	$S_1: I_3=0, I_1=1; S_2: I_2=1, I_4=2, I_5=2$

表 5.5 典型来水情景下的影响函数和权重

来水情景	属性	影响函数	LBWA 权重
丰水年	c_1	1.000 0	0.294 1
	c_2	0.800 0	0.235 3
	c_3	0.400 0	0.117 6
	c_4	0.800 0	0.235 3
	c_5	0.400 0	0.117 6
平水年	c_1	1.000 0	0.341 6
	c_2	0.800 0	0.273 3
	c_3	0.363 6	0.124 2
	c_4	0.400 0	0.136 6
	c_5	0.363 6	0.124 2
枯水年	c_1	0.800 0	0.262 8
	c_2	0.444 4	0.146 0
	c_3	1.000 0	0.328 5
	c_4	0.400 0	0.131 4
	c_5	0.400 0	0.131 4

(2) 基于 MEREC 的客观赋权

属性删除效应方法(Method based on the Removal Effects of Criteria, MEREC)[215]是2021年提出的一种新型客观赋权方法。大部分客观赋权方法(如变异系数法、CRITIC 权重法等)利用数据的波动性或者相关关系计算权重,变化范围大或相关性低的属性对应的权重越大。MEREC 从新的角度出发,通过分析属性移除对方案综合表现的影响来确定权重。如果某一属性的移除对方案表现影响大,则该属性被赋予更高的权重。该方法简便有效[216-217],虽然提出时间较短,但很快在多属性决策研究中得到了广泛应用[218-219]。MEREC 方法的具体计算步骤如下。

Step 1:对效益型和成本型属性值 x_{ij} 进行线性变换,得到标准化后的决策值 n_{ij}。第 i 个方案的第 j 个属性的线性变换公式如下:

$$n_{ij}=\begin{cases}\dfrac{\min\limits_i x_{ij}}{x_{ij}}, & j\in B\\[2ex] \dfrac{x_{ij}}{\max\limits_i x_{ij}}, & j\in H\end{cases} \tag{5.18}$$

其中，B 为效益型属性的下标集合，H 为成本型属性的下标集合。

根据 5.3 节梯级水库群多目标优化调度风险分析均值结果，选择从系统发电量、出力波动系数、生态效益指数、发电量风险和生态风险 5 个属性角度出发，对各典型来水场景下的备选方案进行综合度量，这 5 个属性依次记为 c_1，c_2，c_3，c_4，c_5。

Step 2：计算第 i 个方案的综合表现 S_i。根据 Step 1 中的线性变换公式，n_{ij} 越小使得 S_i 的值越大。根据式(5.19)，利用等权重的对数测量来计算 m 个方案的综合表现进行评价，结果见表 5.6。

$$S_i=\ln\left(1+\left(\frac{1}{m}\sum_j \mid \ln(n_{ij})\mid\right)\right) \tag{5.19}$$

表 5.6　典型来水情景下的 S 值

方案编号	丰水年 S 值	平水年 S 值	枯水年 S 值	方案编号	丰水年 S 值	平水年 S 值	枯水年 S 值
1	0.032 4	0.036 4	0.028 8	16	0.027 4	0.028 6	0.037 4
2	0.022 8	0.027 7	0.029 1	17	0.032 1	0.036 0	0.035 9
3	0.027 3	0.035 6	0.041 5	18	0.032 0	0.028 7	0.035 9
4	0.034 7	0.025 0	0.027 7	19	0.031 3	0.035 1	0.031 4
5	0.034 6	0.027 2	0.041 8	20	0.020 7	0.025 3	0.029 8
6	0.020 8	0.024 5	0.035 8	21	0.029 2	0.025 4	0.028 4
7	0.034 1	0.023 5	0.041 8	22	0.027 5	0.024 5	0.030 0
8	0.034 7	0.036 5	0.029 5	23	0.034 5	0.023 8	0.029 7
9	0.020 8	0.024 4	0.035 3	24	0.032 4	0.028 4	0.029 2
10	0.028 0	0.027 5	0.029 0	25	0.027 1	0.028 7	0.028 7
11	0.032 2	0.031 4	0.028 4	26	0.026 6	0.024 6	0.029 7
12	0.031 3	0.024 6	0.029 9	27	0.031 9	0.028 7	0.035 3
13	0.030 1	0.024 5	0.042 8	28	0.027 6	0.029 5	0.028 2
14	0.032 4	0.034 5	0.028 4	29	0.028 3	0.032 9	0.038 9
15	0.026 9	0.026 7	0.037 9	30	0.026 6	0.027 2	0.028 5

续表

方案编号	丰水年S值	平水年S值	枯水年S值	方案编号	丰水年S值	平水年S值	枯水年S值
31	0.027 8	0.034 4	0.029 3	62	0.031 3	0.027 3	0.029 4
32	0.023 8	0.023 9	0.040 5	63	0.031 3	0.024 7	0.041 7
33	0.029 7	0.027 0	0.038 7	64	0.031 5	0.034 3	0.031 4
34	0.025 8	0.027 0	0.029 2	65	0.025 2	0.030 4	0.032 9
35	0.026 4	0.034 6	0.032 4	66	0.031 9	0.029 2	0.029 5
36	0.032 0	0.035 5	0.037 2	67	0.024 3	0.036 2	0.028 8
37	0.026 6	0.033 4	0.033 7	68	0.024 6	0.023 3	0.031 0
38	0.032 1	0.023 9	0.029 3	69	0.027 2	0.034 3	0.030 2
39	0.032 4	0.027 4	0.032 2	70	0.027 3	0.033 8	0.039 2
40	0.025 2	0.027 0	0.032 8	71	0.030 7	0.023 7	0.033 8
41	0.020 8	0.025 0	0.028 8	72	0.034 3	0.033 8	0.035 0
42	0.029 7	0.035 8	0.039 9	73	0.025 3	0.027 4	0.033 1
43	0.024 5	0.023 9	0.034 3	74	0.026 4	0.028 2	0.029 9
44	0.028 4	0.033 2	0.039 8	75	0.029 5	0.025 2	0.028 9
45	0.030 7	0.024 6	0.029 3	76	0.024 9	0.027 8	0.033 7
46	0.020 8	0.023 8	0.042 4	77	0.028 0	0.033 4	0.028 3
47	0.032 2	0.029 7	0.029 7	78	0.025 6	0.025 2	0.032 9
48	0.030 1	0.027 0	0.030 5	79	0.029 6	0.025 1	0.029 2
49	0.032 3	0.028 8	0.029 8	80	0.030 5	0.025 9	0.035 5
50	0.024 9	0.023 5	0.034 7	81	0.032 2	0.028 9	0.028 1
51	0.032 1	0.034 3	0.033 1	82	0.027 2	0.023 3	0.042 8
52	0.023 9	0.034 2	0.029 5	83	0.031 7	0.034 3	0.033 4
53	0.025 7	0.029 2	0.038 1	84	0.034 1	0.024 8	0.034 3
54	0.027 8	0.029 7	0.037 5	85	0.034 9	0.028 9	0.028 4
55	0.028 4	0.024 6	0.041 2	86	0.025 7	0.031 2	0.038 1
56	0.027 2	0.031 0	0.035 3	87	0.033 2	0.024 0	0.033 2
57	0.029 9	0.025 5	0.035 0	88	0.034 7	0.028 7	0.032 0
58	0.028 2	0.033 8	0.028 0	89	0.026 6	0.023 1	0.032 8
59	0.030 0	0.028 0	0.029 3	90	0.025 3	0.029 5	0.035 7
60	0.024 0	0.024 7	0.030 1	91	0.025 2	0.023 7	0.033 3
61	0.024 8	0.025 6	0.029 5	92	0.026 3	0.028 0	0.033 8

续表

方案编号	丰水年S值	平水年S值	枯水年S值	方案编号	丰水年S值	平水年S值	枯水年S值
93	0.027 6	0.026 8	0.039 6	97	0.029 8	0.024 5	0.032 5
94	0.026 9	0.025 1	0.033 1	98	0.028 4	0.033 1	0.033 5
95	0.020 9	0.023 6	0.032 1	99	0.033 7	0.027 4	0.035 9
96	0.034 8	0.024 8	0.034 9	100	0.029 2	0.029 1	0.040 2

Step 3:删除某一属性,重新计算各方案的整体表现,计算方法与 Step 2 相同。删除第 j 个属性后,第 i 个方案整体表现 S'_{ij} 的公式如下:

$$S'_{ij}=\ln\left(1+\left(\frac{1}{m}\sum_{k,k\neq j}|\ln(n_{ik})|\right)\right) \tag{5.20}$$

由此可以计算各典型来水情景下的 S'_{ij} 值。

Step 4:删除第 j 个属性的影响 E_j 计算如下:

$$E_j=\sum_i |S'_{ij}-S_i| \tag{5.21}$$

最后根据影响大小确定各属性的权重 w_j,计算如下:

$$w_j=\frac{E_j}{\sum_j E_j} \tag{5.22}$$

各典型来水情景下的删除属性影响值 E 及属性权重 w 结果,见表 5.7。由表可知,根据 MEREC 方法赋权时:(1)丰水年和平水年来水情景下权重的分布情况相似,系统发电量的权重最高,其次是生态效益指数和出力波动系数,发电量风险和生态风险的权重较低。相比于丰水年,平水年的系统发电量权重、发电量风险权重有所上升,生态风险权重下降。(2)枯水年仍然是系统发电量的权重最高,其次是生态效益指数、发电量风险和出力波动系数。与丰水年和平水年相比,枯水年的发电量风险权重明显升高,甚至超过了出力波动系数,这说明枯水年的客观权重更倾向于发电相关属性。

表 5.7 典型来水情景下删除属性影响值 E 及属性权重 w

来水情景	E_1	E_2	E_3	E_4	E_5
丰水年	0.801 4	0.690 2	0.774 9	0.248 3	0.318 9
平水年	0.868 9	0.625 8	0.757 2	0.379 5	0.178 4
枯水年	0.903 2	0.635 9	0.831 8	0.747 8	0.166 8

续表

来水情景	w_1	w_2	w_3	w_4	w_5
丰水年	0.282 8	0.243 6	0.273 4	0.087 6	0.112 6
平水年	0.309 2	0.222 7	0.269 5	0.135 1	0.063 5
枯水年	0.274 9	0.193 5	0.253 2	0.227 6	0.050 8

(3) 基于博弈论的组合赋权法

正如前面所提到的,主观赋权方法根据专家自身的专业经验和知识对各属性进行排序,反映了专家对评价属性重要性的主观判断,因此获得的权重更具有解释性。但主观赋权方法只考虑了专家经验,没有反映属性数据信息。客观赋权方法以数据差异驱动为基础,通过属性数据信息来制定权重,但权重结果会随着数据集的变化而改变,因此客观赋权方法的稳定性不及主观赋权方法。另外,客观赋权方法过于关注属性信息差异,对属性本身的内涵解释力较弱。目前很多学者对组合赋权方法开展了研究,希望能克服单一赋权方法的缺点。基于此,本节采用组合赋权方法来确定属性权重,既可以避免专家经验判断过于主观的情况,也可以避免客观赋权忽略属性内涵的情况,取得更加有效的属性权重。

本节的目标是最小化主观和客观权重结果之间的异质性。如果采用简单加权平均处理可以在一定程度上降低主观和客观权重结果的异质性,但并不能实现其异质性最小化。基于博弈论思想确定的权重可以充分整合各赋权方法的优势,同时不会导致组合权重与单一权重结果之间有较大分歧。具体的计算步骤如下:假设主观权重向量为 $\boldsymbol{w}^1=[w_1^1,w_2^1,\cdots,w_m^1]$,客观权重向量为 $\boldsymbol{w}^2=[w_1^2,w_2^2,\cdots,w_m^2]$,定义组合权重向量 $\boldsymbol{w}=[w_1,w_2,\cdots,w_m]$ 为主观和客观权重向量的线性组合:

$$\boldsymbol{w}=\rho_1\boldsymbol{w}^1+\rho_2\boldsymbol{w}^2 \tag{5.23}$$

式中,ρ_1 是主观权重的分配系数,ρ_2 是客观权重的分配系数。可以看到,主观和客观权重的线性组合有无穷多个,为从中找到最优的组合权重 $\boldsymbol{w}^*$,基于博弈论的思路对上式中的权重分配系数进行寻优,目标是使得最优权重组合 $\boldsymbol{w}^*$ 和主观及客观权重($\boldsymbol{w}^1$ 和 $\boldsymbol{w}^2$)的偏差(异质性)最小:

$$\min\quad\{\|(\rho_1(\boldsymbol{w}^1)^{\mathrm{T}}+\rho_2(\boldsymbol{w}^2)^{\mathrm{T}})-(\boldsymbol{w}^1)^{\mathrm{T}}\|_2+\|(\rho_1(\boldsymbol{w}^1)^{\mathrm{T}}+\rho_2(\boldsymbol{w}^2)^{\mathrm{T}})-(\boldsymbol{w}^2)^{\mathrm{T}}\|_2\} \tag{5.24}$$

根据矩阵微分原理得到式(5.24)的最优化一阶导数条件如下:

$$\begin{bmatrix} \boldsymbol{w}^1 \cdot (\boldsymbol{w}^1)^{\mathrm{T}} & \boldsymbol{w}^1 \cdot (\boldsymbol{w}^2)^{\mathrm{T}} \\ \boldsymbol{w}^2 \cdot (\boldsymbol{w}^1)^{\mathrm{T}} & \boldsymbol{w}^2 \cdot (\boldsymbol{w}^2)^{\mathrm{T}} \end{bmatrix} \begin{bmatrix} \rho_1 \\ \rho_2 \end{bmatrix} = \begin{bmatrix} \boldsymbol{w}^1 \cdot (\boldsymbol{w}^1)^{\mathrm{T}} \\ \boldsymbol{w}^2 \cdot (\boldsymbol{w}^2)^{\mathrm{T}} \end{bmatrix} \tag{5.25}$$

通过求解上式，即可得到最优的 ρ_1 和 ρ_2 值。最后通过下式计算组合权重向量：

$$\boldsymbol{w} = \frac{\rho_1}{\rho_1 + \rho_2} \boldsymbol{w}^1 + \frac{\rho_2}{\rho_1 + \rho_2} \boldsymbol{w}^2 \tag{5.26}$$

根据 LBWA 计算的主观权重结果和 MEREC 计算的客观权重结果，求解不同典型来水场景下的权重分配系数，进而利用式(5.26)计算组合权重，结果见表 5.8。丰水年的主观和客观权重分配系数分别为 0.314 0 和 0.686 0，平水年的主观和客观权重分配系数分别为 0.713 5 和 0.268 5，枯水年的主观和客观权重分配系数分别为 0.737 9 和 0.262 1。从表中可以看出，丰水年和平水年的权重分布相似，均是系统发电量权重最高，其次是出力波动系数和生态效益指数，生态风险的权重较低；枯水年生态效益指数的权重最高，其次是系统发电量和发电量风险的权重。这说明丰水年和平水年的决策权重倾向于系统发电量，枯水年则倾向于生态效益指数。

表 5.8 典型来水情景下基于博弈论计算的组合权重

来水情景	w_1	w_2	w_3	w_4	w_5
丰水年	0.286 3	0.241 0	0.224 5	0.134 0	0.114 2
平水年	0.332 3	0.258 8	0.165 8	0.136 2	0.106 8
枯水年	0.266 0	0.158 5	0.308 8	0.156 6	0.110 3

5.4.3 基于平均解距离评价(EDAS)和区间数 EDAS 的多属性决策方法

平均解距离评价(Evaluation based on Distance from Average Solution, EDAS)是 Keshavarz 等[200] 2015 年提出的一种新型多属性决策方法。TOPSIS、VIKOR 等经典的决策方法是利用各方案与其极值(正/负理想解)之间的距离来对方案进行排序。但极值有时难以计算，给排序结果造成误差。为了提高决策结果的合理性，EDAS 将评价标准由极端的优劣理想解变为更具有应用价值的平均解，根据各方案与平均方案的正向距离和反向距离来进行排序。在多个属性值存在差异的情况下，折中思想显然更加符合决策集体的实际利益。EDAS 的优势在于其在不同权值下具有较好的稳定性、更高的计算效率和更低的计算量。EDAS 多属性决策方法的计算流程如下。

Step 1:计算各属性的平均解 AV_j。

$$AV_j = \frac{\sum_{i=1}^{n} r_{ij}}{n} \tag{5.27}$$

其中,$i=1,2,\cdots,m$;$j=1,2,\cdots,n$。m 为属性个数,n 为方案个数。根据 5.3 节中的风险平均决策属性矩阵,计算不同典型年的平均方案,结果见表 5.9。

表 5.9　典型来水场景的平均方案

来水情景	c_1	c_2	c_3	c_4	c_5
丰水年	0.494 4	0.479 3	0.653 5	0.751 3	0.351 2
平水年	0.494 2	0.537 4	0.643 3	0.643 1	0.418 8
枯水年	0.507 9	0.522 9	0.605 9	0.509 8	0.514 7

Step 2:属性到平均解的正距离(PDA)和负距离(NDA)分别计算如下。

$$PDA_{ij} = \frac{\max(0,(r_{ij} - AV_j))}{AV_j} \tag{5.28}$$

$$NDA_{ij} = \frac{\max(0,(AV_j - r_{ij}))}{AV_j} \tag{5.29}$$

Step 3:利用各属性的权重,计算各方案到平均解的加权正距离 SP_i 和加权负距离 SN_i。

$$SP_i = \sum_{j=1}^{m} PDA_{ij} \cdot w_j \tag{5.30}$$

$$SN_i = \sum_{j=1}^{m} NDA_{ij} \cdot w_j \tag{5.31}$$

Step 4:对各方案的 SP 和 SN 进行归一化。

$$NSP_i = \frac{SP_i}{\max_i(SP_i)} \tag{5.32}$$

$$NSN_i = 1 - \frac{SN_i}{\max_i(SN_i)} \tag{5.33}$$

Step 5:对所有方案计算其评价得分 AS_i。

$$AS_i = \frac{NSP_i + NSN_i}{2} \tag{5.34}$$

其中 $0 \leqslant AS_i \leqslant 1$。按照评价得分对备选方案降序排序，得分最高的备选方案为最佳选择。

基于均值决策矩阵，按照 EDAS 多属性决策方法计算各典型来水场景下备选方案的优劣排序结果，见表 5.10。由表可知：(1) 丰水年时方案 20 排名最优，其次是方案 9 及方案 6。这些方案的系统发电量均值明显高于其余方案的发电量均值，出力波动系数和发电量风险的均值较低，虽然生态效益指数的均值低但生态风险同样较低。因此，丰水年的优选决策侧重于发电量较大、出力过程稳定的方案，对生态流量目标不是很关注，由于此时下泄水量较多，基本能够满足生态需求。(2) 平水年时方案 89 排名最优，其次是方案 95 和方案 82。与丰水年类似，这些方案的发电量均值较大且出力波动系数均值较小，虽然生态效益指数的均值相对较低但生态风险也很小。此时，发电量均值最大的方案 4 排名为第 5，出力波动系数均值最小的方案 74 排名第 39，生态效益指数均值最高的方案 3 排名第 100。这说明平水年优选出来的方案并不是单个属性达到最优的方案，而是在大多数属性中均有较高水平的方案。(3) 枯水年时方案 75 排名最优，其次是方案 58 和方案 81。这些方案的发电量平均值较高，且出力波动系数较低，生态效益指数相对较差但生态风险很低。此时，发电量均值最大的方案 2 排名为第 11，出力波动系数均值最小的方案 4 排名第 7，生态效益指数均值最高的方案 86 排名第 68。枯水年的决策过程更加侧重于出力稳定性属性。

表 5.10　典型来水场景下基于均值 EDAS 的决策结果

丰水年			平水年			枯水年		
方案编号	AS 值	排名	方案编号	AS 值	排名	方案编号	AS 值	排名
1	0.244 9	93	1	0.166 7	98	1	0.751 5	6
2	0.738 5	7	2	0.647 4	37	2	0.742 4	11
3	0.505 3	47	3	0.154 6	100	3	0.382 0	75
4	0.249 2	91	4	0.856 3	5	4	0.750 7	7
5	0.253 9	90	5	0.797 2	13	5	0.360 8	81
6	0.831 6	3	6	0.824 8	10	6	0.451 9	62
7	0.170 9	97	7	0.698 2	24	7	0.360 3	82
8	0.145 9	98	8	0.180 9	96	8	0.658 1	30
9	0.832 9	2	9	0.584 2	49	9	0.322 5	92
10	0.472 5	54	10	0.781 4	14	10	0.696 9	21
11	0.429 2	65	11	0.431 7	67	11	0.740 9	12

续表

丰水年			平水年			枯水年		
方案编号	AS 值	排名	方案编号	AS 值	排名	方案编号	AS 值	排名
12	0.301 1	85	12	0.809 0	11	12	0.659 2	29
13	0.415 7	68	13	0.832 3	9	13	0.323 7	91
14	0.270 9	87	14	0.181 3	95	14	0.745 6	9
15	0.433 8	63	15	0.546 0	58	15	0.278 4	95
16	0.509 2	45	16	0.673 0	31	16	0.371 2	78
17	0.319 5	81	17	0.198 7	92	17	0.462 2	61
18	0.348 7	76	18	0.673 9	30	18	0.462 8	59
19	0.452 4	60	19	0.229 1	85	19	0.654 1	32
20	0.844 8	1	20	0.566 3	53	20	0.629 8	38
21	0.559 6	34	21	0.754 0	19	21	0.726 4	15
22	0.563 7	32	22	0.807 4	12	22	0.627 5	39
23	0.261 5	89	23	0.668 6	33	23	0.653 7	33
24	0.426 7	66	24	0.660 6	35	24	0.722 1	18
25	0.551 4	36	25	0.669 0	32	25	0.716 1	19
26	0.578 2	30	26	0.627 2	43	26	0.648 9	34
27	0.296 1	86	27	0.359 1	71	27	0.601 0	44
28	0.486 7	50	28	0.271 4	79	28	0.753 2	4
29	0.536 5	39	29	0.292 4	76	29	0.240 6	100
30	0.536 1	40	30	0.726 5	22	30	0.725 8	16
31	0.477 7	52	31	0.213 6	89	31	0.672 6	24
32	0.668 9	9	32	0.688 3	28	32	0.348 7	86
33	0.424 7	67	33	0.583 2	50	33	0.272 0	96
34	0.634 4	18	34	0.651 5	36	34	0.684 4	22
35	0.502 2	48	35	0.204 3	91	35	0.577 4	49
36	0.435 2	62	36	0.218 6	88	36	0.385 2	74
37	0.580 0	29	37	0.265 8	81	37	0.526 8	55
38	0.308 0	84	38	0.708 6	23	38	0.657 8	31
39	0.321 5	80	39	0.513 3	65	39	0.599 0	45
40	0.636 8	16	40	0.746 0	20	40	0.416 2	63

续表

丰水年			平水年			枯水年		
方案编号	AS 值	排名	方案编号	AS 值	排名	方案编号	AS 值	排名
41	0.831 0	4	41	0.776 3	15	41	0.750 3	8
42	0.496 2	49	42	0.159 7	99	42	0.364 6	79
43	0.651 4	12	43	0.691 3	27	43	0.598 7	46
44	0.471 1	56	44	0.287 4	78	44	0.261 1	98
45	0.470 5	57	45	0.640 8	40	45	0.735 7	13
46	0.826 4	6	46	0.678 2	29	46	0.340 6	88
47	0.311 1	82	47	0.578 1	52	47	0.644 1	35
48	0.505 6	46	48	0.532 2	64	48	0.595 5	48
49	0.308 6	83	49	0.320 6	74	49	0.640 4	36
50	0.634 9	17	50	0.691 8	26	50	0.398 0	67
51	0.339 8	79	51	0.241 9	83	51	0.558 6	52
52	0.666 8	10	52	0.228 1	86	52	0.669 3	25
53	0.619 1	21	53	0.626 5	44	53	0.362 0	80
54	0.409 5	69	54	0.581 7	51	54	0.284 8	94
55	0.393 8	70	55	0.843 8	7	55	0.341 7	87
56	0.606 9	23	56	0.293 0	75	56	0.330 7	90
57	0.542 8	37	57	0.744 5	21	57	0.485 9	58
58	0.461 2	58	58	0.248 0	82	58	0.764 1	2
59	0.482 0	51	59	0.407 9	68	59	0.668 0	26
60	0.679 7	8	60	0.844 2	6	60	0.619 1	40
61	0.640 0	15	61	0.377 5	69	61	0.675 1	23
62	0.456 4	59	62	0.760 1	17	62	0.735 1	14
63	0.380 4	73	63	0.638 4	41	63	0.352 4	84
64	0.361 6	75	64	0.221 5	87	64	0.517 1	57
65	0.630 3	19	65	0.361 7	70	65	0.568 1	51
66	0.341 2	78	66	0.622 3	46	66	0.666 5	27
67	0.658 4	11	67	0.175 9	97	67	0.703 8	20
68	0.649 3	13	68	0.909 9	4	68	0.662 3	28
69	0.472 2	55	69	0.235 8	84	69	0.596 1	47

续表

丰水年			平水年			枯水年		
方案编号	AS 值	排名	方案编号	AS 值	排名	方案编号	AS 值	排名
70	0.512 5	44	70	0.193 5	93	70	0.312 7	93
71	0.388 5	72	71	0.625 9	45	71	0.349 9	85
72	0.267 8	88	72	0.207 2	90	72	0.392 6	72
73	0.606 7	24	73	0.776 1	16	73	0.394 2	70
74	0.572 1	31	74	0.643 1	39	74	0.632 7	37
75	0.392 5	71	75	0.546 2	57	75	0.765 9	1
76	0.641 6	14	76	0.563 8	54	76	0.359 8	83
77	0.475 9	53	77	0.266 3	80	77	0.752 0	5
78	0.584 9	28	78	0.543 1	60	78	0.411 8	64
79	0.520 4	41	79	0.558 1	56	79	0.743 2	10
80	0.342 7	77	80	0.543 6	59	80	0.406 4	65
81	0.432 5	64	81	0.356 6	72	81	0.754 9	3
82	0.519 4	42	82	0.910 3	3	82	0.334 0	89
83	0.370 1	74	83	0.193 1	94	83	0.379 3	76
84	0.172 1	96	84	0.538 1	63	84	0.405 5	66
85	0.136 1	100	85	0.607 6	48	85	0.724 2	17
86	0.598 0	27	86	0.440 7	66	86	0.394 8	68
87	0.206 2	94	87	0.692 2	25	87	0.549 2	54
88	0.143 3	99	88	0.668 0	34	88	0.616 8	41
89	0.621 6	20	89	0.927 3	1	89	0.571 1	50
90	0.600 7	26	90	0.620 5	47	90	0.462 2	60
91	0.618 0	22	91	0.646 7	38	91	0.386 1	73
92	0.601 8	25	92	0.757 4	18	92	0.520 4	56
93	0.559 4	35	93	0.539 5	62	93	0.262 5	97
94	0.563 2	33	94	0.542 5	61	94	0.557 3	53
95	0.828 6	5	95	0.913 6	2	95	0.609 0	42
96	0.245 9	92	96	0.563 1	55	96	0.394 3	69
97	0.514 8	43	97	0.836 4	8	97	0.603 0	43
98	0.536 7	38	98	0.288 2	77	98	0.378 6	77

续表

丰水年			平水年			枯水年		
方案编号	AS 值	排名	方案编号	AS 值	排名	方案编号	AS 值	排名
99	0.190 8	95	99	0.330 0	73	99	0.394 0	71
100	0.437 5	61	100	0.635 3	42	100	0.253 3	99

根据附表B中各备选方案风险决策属性的区间数统计结果，经5.4.1规范化后可以得到区间数决策矩阵。基于区间数的EDAS决策方法计算过程如下[220]。

Step 1：计算各属性的平均解 AV_j。计算方式如下。

$$AV_j=\frac{\sum_{i=1}^{n}(r_{ij}^{-}+r_{ij}^{+})}{2n} \tag{5.35}$$

Step 2：属性到平均解的正距离（$[PDA_{ij}^{-},PDA_{ij}^{+}]$）和负距离（$[NDA_{ij}^{-},NDA_{ij}^{+}]$）分别计算如下。

$$[PDA_{ij}^{-},PDA_{ij}^{+}]=\left[\frac{\max(0,(r_{ij}^{-}-AV_j))}{AV_j},\frac{\max(0,(r_{ij}^{+}-AV_j))}{AV_j}\right] \tag{5.36}$$

$$[NDA_{ij}^{-},NDA_{ij}^{+}]=\left[\frac{\max(0,(AV_j-r_{ij}^{+}))}{AV_j},\frac{\max(0,(AV_j-r_{ij}^{-}))}{AV_j}\right] \tag{5.37}$$

Step 3：利用各属性的权重，计算各方案到平均解的加权正距离 $[SP_i^{-},SP_i^{+}]$ 和加权负距离 $[NP_i^{-},NP_i^{+}]$。

$$[SP_i^{-},SP_i^{+}]=\left[\sum_{j=1}^{m}PDA_{ij}^{-}\cdot w_j,\sum_{j=1}^{m}PDA_{ij}^{+}\cdot w_j\right] \tag{5.38}$$

$$[NP_i^{-},NP_i^{+}]=\left[\sum_{j=1}^{m}NDA_{ij}^{-}\cdot w_j,\sum_{j=1}^{m}NDA_{ij}^{+}\cdot w_j\right] \tag{5.39}$$

Step 4：对各方案的加权正距离和加权负距离进行归一化。

$$[NSP_i^{-},NSP_i^{+}]=\left[\frac{SP_i^{-}}{\max_i(SP_i^{+})},\frac{SP_i^{+}}{\max_i(SP_i^{+})}\right] \tag{5.40}$$

$$[NSN_i^{-},NSN_i^{+}]=\left[1-\frac{SN_i^{+}}{\max_i(SN_i^{+})},1-\frac{SN_i^{-}}{\max_i(SN_i^{+})}\right] \tag{5.41}$$

Step 5：对所有方案计算其评价得分 $[AS_i^-, AS_i^+]$ 。

$$[AS_i^-, AS_i^+] = \left[\frac{NSP_i^- + NSN_i^-}{2}, \frac{NSP_i^+ + NSN_i^+}{2}\right] \tag{5.42}$$

式中，AS_i^- 和 AS_i^+ 分别表示第 i 个方案的评价得分下限和上限。

Step 6：对各方案进行排名。设 $[AS_i^-, AS_i^+]$ 和 $[AS_j^-, AS_j^+]$ 分别为第 i 个方案和第 j 个方案的评价得分区间，通过比较区间数计算第 i 个方案优于第 j 个方案的概率 P_{ij}，计算方式如下[221]：

$$\begin{aligned} P_{ij} &= P([AS_i^-, AS_i^+] \geqslant [AS_j^-, AS_j^+]) \\ &= \max\left\{1 - \max\left[\frac{AS_j^+ - AS_i^-}{AS_i^+ - AS_i^- + AS_j^+ - AS_j^-}\right], 0\right\} \end{aligned} \tag{5.43}$$

第 i 个方案的综合优先级可通过下式确定：

$$IP_i = \frac{\sum_{j=1}^{m} P_{ij} + \frac{n}{2} - 1}{n(n-1)} \tag{5.44}$$

按照综合优先级对备选方案降序排序，综合优先级值最大的备选方案为最佳选择。按照基于区间数 EDAS 的多属性决策方法计算不同来水场景下备选方案的优劣排序结果见表 5.11。由表可知：(1) 丰水年方案 9 排名最优，其次是方案 20 和方案 6。基于区间数 EDAS 计算的与基于均值 EDAS 计算的排名前 7 位的方案顺序基本一致。基于区间数 EDAS 计算的排名第 8 的是方案 89，基于均值 EDAS 计算的排名第 8 的是方案 60。虽然方案 60 的得分上限比方案 89 高 0.074 5，但其得分下限比方案 89 低 0.360 2，相对来说得分区间较宽，说明径流预报误差对方案 60 的属性值影响较大。(2) 平水年方案 68 排名最优，其次是方案 82 和方案 89。相比于其余方案，方案 68、82 和 89 的得分下限较高，得分区间有明显优势。另外，基于区间数 EDAS 计算的与基于均值 EDAS 计算的排名前 10 位方案中有 9 个方案是重合的，说明两种决策方法有一定的一致性。(3) 枯水年方案 75 排名最优，其次是方案 79 和方案 45。前 10 名的方案得分宽度差异不大。此时，基于区间数 EDAS 计算的与基于均值 EDAS 计算的排名前 10 位方案中有 2 个方案是重合的，枯水年下两种决策方法计算的较优方案排名差异较明显。

表 5.11　典型来水场景下基于区间数 EDAS 的决策结果

丰水年			平水年			枯水年		
方案编号	*IP* 值	排名	方案编号	*IP* 值	排名	方案编号	*IP* 值	排名
1	0.005 2	42	1	0.005 1	94	1	0.005 2	47
2	0.005 4	7	2	0.005 2	54	2	0.005 2	48
3	0.005 2	47	3	0.005 1	100	3	0.005 2	99
4	0.005 1	96	4	0.005 4	13	4	0.005 2	81
5	0.005 1	99	5	0.005 3	17	5	0.005 2	100
6	0.005 5	3	6	0.005 4	7	6	0.005 2	45
7	0.005 2	87	7	0.005 3	29	7	0.005 2	95
8	0.005 2	80	8	0.005 1	91	8	0.005 2	21
9	0.005 5	1	9	0.005 2	61	9	0.005 2	83
10	0.005 2	53	10	0.005 3	19	10	0.005 2	34
11	0.005 2	34	11	0.005 2	60	11	0.005 2	39
12	0.005 2	43	12	0.005 4	10	12	0.005 2	50
13	0.005 2	49	13	0.005 4	6	13	0.005 2	96
14	0.005 2	70	14	0.005 1	98	14	0.005 2	41
15	0.005 2	56	15	0.005 3	46	15	0.005 2	87
16	0.005 2	54	16	0.005 3	41	16	0.005 2	59
17	0.005 2	90	17	0.005 1	90	17	0.005 2	63
18	0.005 2	64	18	0.005 3	33	18	0.005 2	64
19	0.005 2	31	19	0.005 1	87	19	0.005 3	6
20	0.005 5	2	20	0.005 2	56	20	0.005 2	15
21	0.005 3	12	21	0.005 4	14	21	0.005 2	73
22	0.005 3	17	22	0.005 4	11	22	0.005 2	49
23	0.005 2	91	23	0.005 3	45	23	0.005 2	30
24	0.005 2	30	24	0.005 3	35	24	0.005 2	46
25	0.005 3	25	25	0.005 3	39	25	0.005 2	74
26	0.005 3	16	26	0.005 2	53	26	0.005 2	22
27	0.005 2	68	27	0.005 1	75	27	0.005 2	13
28	0.005 2	45	28	0.005 1	92	28	0.005 2	71
29	0.005 3	22	29	0.005 1	74	29	0.005 2	86

续表

丰水年			平水年			枯水年		
方案编号	*IP* 值	排名	方案编号	*IP* 值	排名	方案编号	*IP* 值	排名
30	0.005 2	44	30	0.005 3	23	30	0.005 2	70
31	0.005 2	35	31	0.005 1	82	31	0.005 2	35
32	0.005 2	79	32	0.005 3	42	32	0.005 2	85
33	0.005 2	46	33	0.005 3	24	33	0.005 2	98
34	0.005 2	83	34	0.005 3	16	34	0.005 2	33
35	0.005 2	36	35	0.005 1	85	35	0.005 2	18
36	0.005 2	33	36	0.005 1	88	36	0.005 2	54
37	0.005 3	15	37	0.005 1	81	37	0.005 2	27
38	0.005 2	77	38	0.005 3	26	38	0.005 2	40
39	0.005 2	82	39	0.005 2	55	39	0.005 2	14
40	0.005 3	11	40	0.005 3	18	40	0.005 2	69
41	0.005 5	4	41	0.005 4	12	41	0.005 2	44
42	0.005 2	26	42	0.005 1	99	42	0.005 2	82
43	0.005 2	50	43	0.005 3	28	43	0.005 2	12
44	0.005 2	59	44	0.005 1	70	44	0.005 2	91
45	0.005 2	29	45	0.005 3	48	45	0.005 3	3
46	0.005 5	6	46	0.005 3	44	46	0.005 2	94
47	0.005 2	74	47	0.005 3	37	47	0.005 3	8
48	0.005 3	24	48	0.005 2	50	48	0.005 2	32
49	0.005 1	97	49	0.005 1	76	49	0.005 2	20
50	0.005 2	66	50	0.005 3	43	50	0.005 2	51
51	0.005 2	73	51	0.005 1	84	51	0.005 2	26
52	0.005 2	84	52	0.005 1	78	52	0.005 2	24
53	0.005 2	85	53	0.005 3	31	53	0.005 2	58
54	0.005 2	57	54	0.005 3	30	54	0.005 2	89
55	0.005 2	62	55	0.005 4	9	55	0.005 2	88
56	0.005 3	10	56	0.005 1	77	56	0.005 2	66
57	0.005 3	13	57	0.005 4	15	57	0.005 2	56
58	0.005 2	37	58	0.005 1	72	58	0.005 2	61

续表

丰水年			平水年			枯水年		
方案编号	*IP* 值	排名	方案编号	*IP* 值	排名	方案编号	*IP* 值	排名
59	0.005 2	27	59	0.005 2	68	59	0.005 2	36
60	0.005 2	55	60	0.005 4	8	60	0.005 2	42
61	0.005 2	95	61	0.005 1	79	61	0.005 2	29
62	0.005 2	28	62	0.005 3	22	62	0.005 3	4
63	0.005 2	60	63	0.005 3	49	63	0.005 2	92
64	0.005 2	63	64	0.005 1	80	64	0.005 2	38
65	0.005 2	72	65	0.005 1	71	65	0.005 2	16
66	0.005 2	71	66	0.005 3	36	66	0.005 2	23
67	0.005 3	9	67	0.005 1	93	67	0.005 2	31
68	0.005 2	51	68	0.005 4	1	68	0.005 3	5
69	0.005 2	40	69	0.005 1	86	69	0.005 3	9
70	0.005 2	92	70	0.005 1	97	70	0.005 2	65
71	0.005 2	58	71	0.005 2	57	71	0.005 2	80
72	0.005 1	98	72	0.005 1	95	72	0.005 2	52
73	0.005 2	65	73	0.005 3	21	73	0.005 2	72
74	0.005 3	14	74	0.005 2	51	74	0.005 2	43
75	0.005 2	39	75	0.005 2	63	75	0.005 3	1
76	0.005 2	69	76	0.005 3	25	76	0.005 2	78
77	0.005 2	52	77	0.005 1	83	77	0.005 2	37
78	0.005 2	88	78	0.005 2	67	78	0.005 2	68
79	0.005 3	18	79	0.005 2	59	79	0.005 3	2
80	0.005 2	38	80	0.005 2	62	80	0.005 2	67
81	0.005 2	32	81	0.005 1	73	81	0.005 2	60
82	0.005 2	93	82	0.005 4	2	82	0.005 2	97
83	0.005 2	61	83	0.005 1	96	83	0.005 2	84
84	0.005 2	86	84	0.005 2	66	84	0.005 2	55
85	0.005 2	81	85	0.005 3	32	85	0.005 2	77
86	0.005 2	94	86	0.005 2	58	86	0.005 2	75
87	0.005 2	48	87	0.005 3	38	87	0.005 2	25

续表

丰水年			平水年			枯水年		
方案编号	*IP* 值	排名	方案编号	*IP* 值	排名	方案编号	*IP* 值	排名
88	0.005 2	78	88	0.005 3	40	88	0.005 2	11
89	0.005 3	8	89	0.005 4	3	89	0.005 2	17
90	0.005 2	89	90	0.005 3	34	90	0.005 2	62
91	0.005 2	67	91	0.005 2	52	91	0.005 2	76
92	0.005 2	76	92	0.005 3	20	92	0.005 2	28
93	0.005 3	20	93	0.005 3	47	93	0.005 2	90
94	0.005 3	19	94	0.005 2	65	94	0.005 2	19
95	0.005 5	5	95	0.005 4	4	95	0.005 3	10
96	0.005 1	100	96	0.005 2	64	96	0.005 2	53
97	0.005 3	21	97	0.005 4	5	97	0.005 3	7
98	0.005 3	23	98	0.005 1	69	98	0.005 2	79
99	0.005 2	75	99	0.005 1	89	99	0.005 2	57
100	0.005 2	41	100	0.005 3	27	100	0.005 2	93

对比表 5.10 和表 5.11 可以看到，基于均值的 EDAS 决策方法和基于区间数的 EDAS 决策方法得到的方案优劣排序有所差异，这是因为前者是基于梯级水库群多目标调度风险指标的平均值计算的，其优劣排名反映了各方案的风险平均水平；而后者是基于各指标的极值计算的，其优劣排名反映了各方案的风险波动范围。为了充分利用风险指标的信息，将 EDAS 决策方法和区间数 EDAS 决策方法计算的优劣排名求平均，作为不同来水情景下各方案的最终排名，如图 5.3 所示。由图可知：相较于平水年和枯水年，丰水年两种决策方法计算的方案优劣排序差异更大，但丰水年在排名较优的方案上差异不大。丰水年方案 9 综合排名第一，其次是方案 20 和方案 6。这些方案的共同特点是在径流误差影响下仍具有较高的系统发电量均值、较低的出力波动系数均值，生态效益指数较低。平水年方案 89 综合排名第一，其次是方案 68 和方案 82。这些方案尽管系统发电量、出力波动系数、生态效益指数都不是最优的，但仍然具有较高的系统发电量均值和较低的出力波动系数均值。枯水年方案 75 综合排名第一，其次是方案 79 和方案 45。这些方案具有较高的系统发电量均值和较低的出力波动系数均值。枯水年的优选方案更侧重于发电和出力属性。

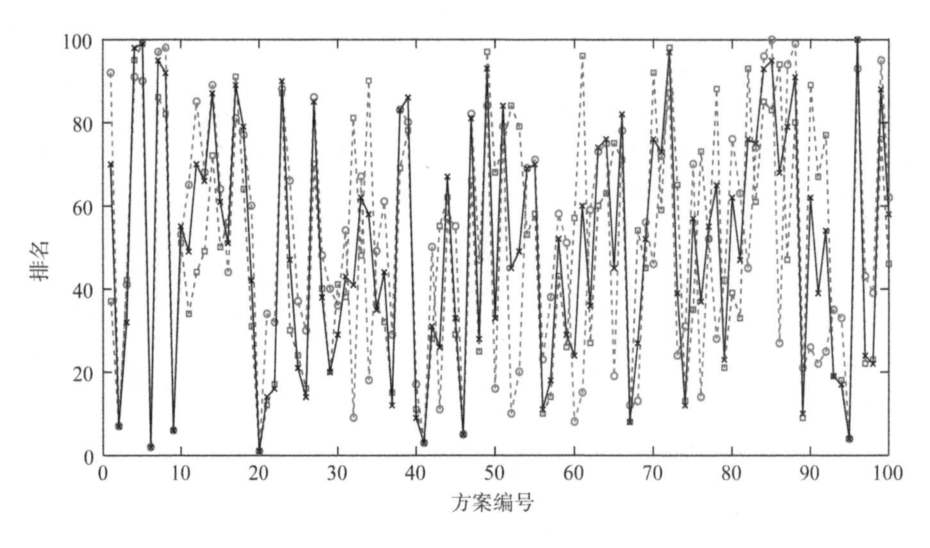
100
80
60
40
20
0
排名
0
10
20
30
40
50
60
70
80
90
100
方案编号

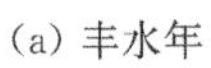
(a) 丰水年

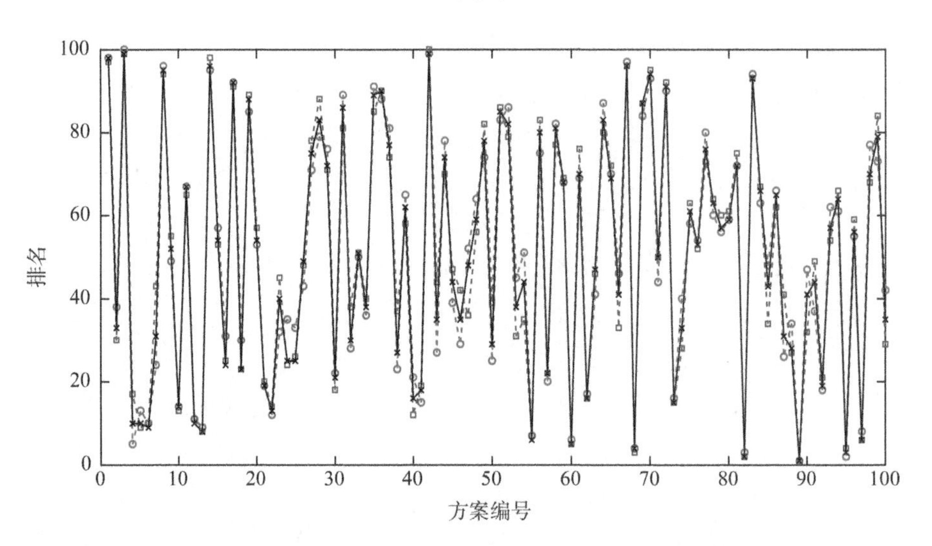
100
80
60
40
20
0
排名
0
10
20
30
40
50
60
70
80
90
100
方案编号

(b) 平水年

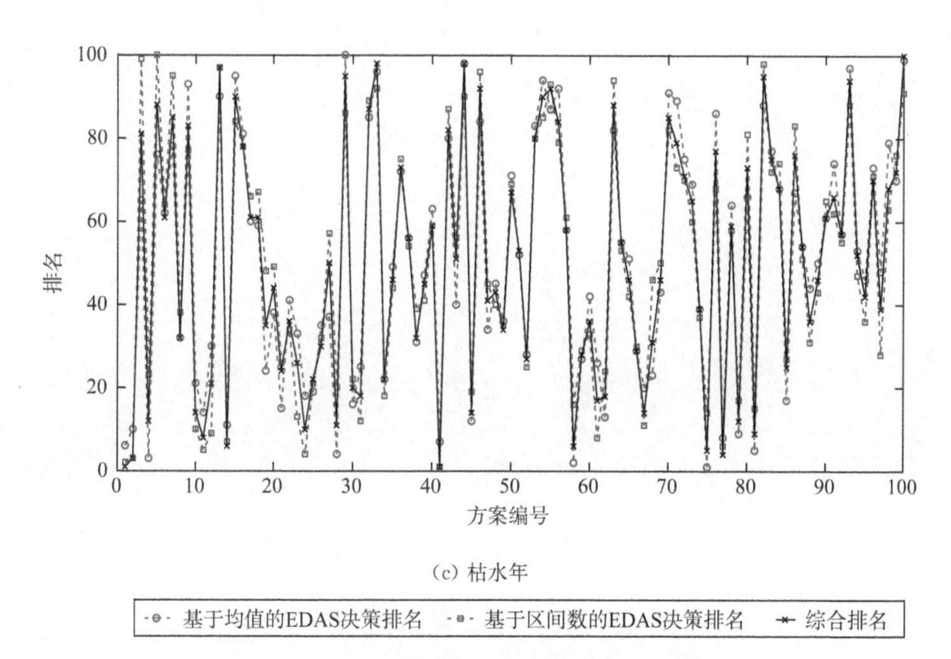

(c) 枯水年

图 5.3 典型来水场景下各方案的最终综合排名

5.5 小结

本章在多目标优化调度的基础上，基于变分自动编码器生成了多组径流预报场景，以此概化径流预报的不确定性；利用随机场景分析法量化分析了径流预报误差给梯级水库群调度造成的风险，从系统发电量、出力波动系数、生态效益指数、发电量风险和生态风险等方面建立了风险决策属性矩阵，计算了均值决策矩阵和区间数决策矩阵。结果表明：由于径流预报误差的存在，各来水情景下调度方案的系统发电量、出力波动系数受到了不同程度的负面影响，生态效益指数受到的影响较小。在多属性决策过程中，采用分层赋权法（LBWA）和属性删除效应方法（MEREC）分别计算了各属性的主观权重和客观权重，再结合博弈论思想计算了组合赋权。依据风险均值决策属性矩阵，采用平均解距离评价（EDAS）的多属性决策方法对丰、平、枯三种典型年下的调度方案进行了优劣排序；依据风险极值决策属性矩阵，采用基于区间数 EDAS 的多属性决策方法对丰、平、枯三种典型年下的调度方案进行了优劣排序；最后以其平均排名作为最终优劣排序。本章所提出的多属性决策方法可为决策者权衡优选梯级水库群多目标调度方案提供技术支持。

参考文献

[1] 全国水力资源复查工作领导小组办公室. 中华人民共和国水力资源复查成果正式发布[J]. 水力发电,2006,32(1):12.

[2] 效文静,周建中,杨建华,等. 基于机器学习的长江干流中长期径流预报[J]. 水电能源科学,2022,40(9):31-34+26.

[3] 孙周亮,刘艳丽,张建云,等. 中长期径流预报研究进展与展望[J]. 水资源保护,2023,39(2):136-144+223.

[4] 王浩,王旭,雷晓辉,等. 梯级水库群联合调度关键技术发展历程与展望[J]. 水利学报,2019,50(1):25-37.

[5] 王本德,周惠成,卢迪. 我国水库(群)调度理论方法研究应用现状与展望[J]. 水利学报,2016,47(3):337-345.

[6] 王富强. 中长期水文预报成因分析方法及其应用[M]. 郑州:黄河水利出版社,2010.

[7] 熊怡,周建中,贾本军,等. 基于随机森林遥相关因子选择的月径流预报[J]. 水力发电学报,2022,41(3):32-45.

[8] YU Z,LAKHTAKIA M N,YARNAL B,et al. Simulating the river-basin response to atmospheric forcing by linking a mesoscale meteorological model and hydrologic model system[J]. Journal of Hydrology,1999,218(1-2):72-91.

[9] ANDERSON M L,CHEN Z Q,KAVVAS M L,et al. Coupling HEC-HMS with atmospheric models for prediction of watershed runoff[J]. Journal of Hydrologic Engineering,2002,7(4):312-318.

[10] BRAVO J M,PAZ A R,COLLISCHONN W,et al. Incorporating forecasts of rainfall in two hydrologic models used for medium-range streamflow forecasting[J]. Journal of Hydrologic Engineering,2009,14(5):435-445.

[11] 周惠成,唐国磊,王峰,等. GFS 未来 10 天数值降雨预报信息的可利用性分析[J]. 水力发电学报,2010,29(2):119-126.

[12] 管晓祥,金君良,刘悦,等. 基于数值天气预报模式的流域中期径流预报[J]. 水利水电技术,2018,49(11):46-53.

[13] RUDISILL W,KAISER K E,FLORES A N. Evaluating long-term One-Way Atmos-

phere-Hydrology simulations and the impacts of Two-Way coupling in four mountain watersheds[J]. Hydrological Processes,2022,36(5):e14578.

[14] ARNAL L,CLOKE H L,STEPHENS E,et al. Skilful seasonal forecasts of streamflow over Europe? [J]. Hydrology and Earth System Sciences,2018,22(4):2057-2072.

[15] GREUELL W,FRANSSEN W H P,HUTJES R W A. Seasonal streamflow forecasts for Europe-Part 2:Sources of skill[J]. Hydrology and Earth System Sciences,2019,23(1):371-391.

[16] 周惠成,张杨,唐国磊,等. 二滩水电站中长期径流预报研究[J]. 水电能源科学,2009,27(1):5-9.

[17] MONTANARI A,ROSSO R,TAQQU M S. A seasonal fractional ARIMA Model applied to the Nile River monthly flows at Aswan[J]. Water Resources Research,2000,36(5):1249-1259.

[18] 张利平,王德智,夏军,等. 混沌相空间相似模型在中长期水文预报中的应用[J]. 水力发电,2004(11):5-7+11.

[19] HONG M,WANG D,WANG Y,et al. Mid-and long-term runoff predictions by an improved phase-space reconstruction model [J]. Environmental Research, 2016, 148:560-573.

[20] 夏军. 中长期径流预报的一种灰关联模式识别与预测方法[J]. 水科学进展,1993(3):190-197.

[21] 冯平,杨鹏,李润苗. 枯水期径流量的中长期预估模式[J]. 水利水电技术,1997(2):6-9.

[22] XU W,CHEN J,ZHANG X J. Scale effects of the monthly streamflow prediction using a state-of-the-art deep learning model [J]. Water Resources Management, 2022, 36(10):3609-3625.

[23] 乔广超,杨明祥,刘琦,等. 基于 PSO-SVR-ANN 的丹江口水库秋汛期月尺度径流预报模型[J]. 水利水电技术,2021,52(4):69-78.

[24] MAITY R,BHAGWAT P P,BHATNAGAR A. Potential of support vector regression for prediction of monthly streamflow using endogenous property [J]. Hydrological Processes:An International Journal,2010,24(7):917-923.

[25] 周婷,夏萍,胡宏祥,等. 基于小波分解的优化支持向量机模型在水库年径流预测中的应用[J]. 华北水利水电大学学报(自然科学版),2018,39(3):24-30.

[26] 陶思铭,梁忠民 ,陈在妮,等. 长短期记忆网络在中长期径流预报中的应用[J]. 武汉大学学报(工学版),2021,54(1):21-27.

[27] 张森,颜志俊,徐春晓,等. 基于 MPGA-LSTM 月径流预测模型及应用[J]. 水电能源科学,2020,38(5):38-41+75.

[28] 丁公博,农振学,王超,等. 基于 MI-PCA 与 BP 神经网络的石羊河流域中长期径流预报[J]. 中国农村水利水电,2019(10):66-69.

[29] 杜拉，纪昌明，李荣波，等．基于小波-BP神经网络的贝叶斯概率组合预测模型及其应用[J]．中国农村水利水电，2015(7)：50-53.

[30] KISI O，CIMEN M. A wavelet-support vector machine conjunction model for monthly streamflow forecasting[J]. Journal of Hydrology，2011，399(1-2)：132-140.

[31] 张志刚，周佳，徐廷兵，等．基于相空间重构的BP神经网络月径流预测模型及应用[J]．水电能源科学，2013，31(1)：15-17.

[32] JIANG Y，BAO X，HAO S，et al. Monthly streamflow forecasting using ELM-IPSO based on phase space reconstruction[J]. Water Resources Management，2020，34(11)：3515-3531.

[33] 陈芳，张志强，李扉，等．基于EEMD分解与BOA算法优化神经网络的密云水库大阁水文站径流预测[J]．西北林学院学报，2021，36(6)：188-194.

[34] 王文川，高畅，徐雷．基于TVF-EMD与LSTM神经网络耦合的月径流预测研究[J]．中国农村水利水电，2022(2)：76-81+89.

[35] HUANG S，CHANG J，HUANG Q，et al. Monthly streamflow prediction using modified EMD-based support vector machine[J]. Journal of Hydrology，2014，511：764-775.

[36] 孙娜，周建中，朱双，等．基于小波分析的两种神经网络耦合模型在月径流预测中的应用[J]．水电能源科学，2018，36(4)：14-17+32.

[37] 刘勇，王银堂，陈元芳，等．丹江口水库秋汛期长期径流预报[J]．水科学进展，2010，21(6)：771-778.

[38] MEHDIZADEH S，FATHIAN F，SAFARI M J S，et al. Comparative assessment of time series and artificial intelligence models to estimate monthly streamflow：A local and external data analysis approach[J]. Journal of Hydrology，2019，579：124225.

[39] 包苑村，解建仓，罗军刚．基于VMD-CNN-LSTM模型的渭河流域月径流预测[J]．西安理工大学学报，2021，37(1)：1-8.

[40] 胡义明，陈腾，罗序义，等．基于机器学习模型的淮河流域中长期径流预报研究[J]．地学前缘，2022，29(3)：284-291.

[41] SHU X，DING W，PENG Y，et al. Monthly streamflow forecasting using convolutional neural network[J]. Water Resources Management，2021，35：5089-5104.

[42] 芮孝芳．数据密集范式与水文学的未来[J]．水利水电科技进展，2018，38(6)：1-7.

[43] 谢蒙飞．梯级水电站随机发电调度及调峰计划编制研究[D]．武汉：华中科技大学，2017.

[44] LITTLE J. Use of storage water in a hydroelectric system[J]. Journal of the Operations Research Society of America，1955，3(2)：187-197.

[45] YEH W W G. Reservoir management and operations models：A state-of-the-art review[J]. Water Resources Research，1985，21(12)：1797-1818.

[46] 卡特维利施维利(H. A. Картвелишвили),等. 运筹学在水文水利计算中的应用[M]. 中国科学院力学研究所运筹室,等译. 北京:科学出版社,1960.

[47] 施熙灿,林翔岳,梁青福,等. 考虑保证率约束的马氏决策规划在水电站水库优化调度中的应用[J]. 水力发电学报,1982(2):11-21.

[48] 黄永皓,张勇传. 微分动态规划及回归分析在水库群优化调度中的应用[J]. 水电能源科学,1986(4):315-332.

[49] 冯仲恺,廖胜利,牛文静,等. 梯级水电站群中长期优化调度的正交离散微分动态规划方法[J]. 中国电机工程学报,2015,35(18):4635-4644.

[50] 方红远,王浩,程吉林. 初始轨迹对逐步优化算法收敛性的影响[J]. 水利学报,2002(11):27-30+37.

[51] 张诚,周建中,王超,等. 梯级水电站优化调度的变阶段逐步优化算法[J]. 水力发电学报,2016,35(4):12-21.

[52] 郑姣,杨侃,倪福全,等. 水库群发电优化调度遗传算法整体改进策略研究[J]. 水利学报,2013,44(2):205-211.

[53] 钟平安,张卫国,张玉兰,等. 水电站发电优化调度的综合改进差分进化算法[J]. 水利学报,2014,45(10):1147-1155.

[54] 王丽萍,李宁宁,阎晓冉,等. 基于改进电子搜索算法的梯级水库联合发电优化调度[J]. 控制与决策,2020,35(8):1916-1922.

[55] ASMADI A,EL-SHAFIE A,RAZALI S F M,et al. Reservoir optimization in water resources:A review[J]. Water Resources Management,2014,28:3391-3405.

[56] LABADIE J W. Optimal operation of multireservoir systems:State-of-the-art review[J]. Journal of Water Resources Planning and Management,2004,130(2):93-111.

[57] 王金龙,黄炜斌,马光文. 基于改进单亲遗传算法的梯级水电站群多目标优化[J]. 四川大学学报(工程科学版),2014,46(S2):1-6.

[58] 黄草,王忠静,李书飞,等. 长江上游水库群多目标优化调度模型及应用研究Ⅰ:模型原理及求解[J]. 水利学报,2014,45(9):1009-1018.

[59] YANG Z,YANG K,HU H,et al. The cascade reservoirs multi-objective ecological operation optimization considering different ecological flow demand[J]. Water Resources Management,2019,33:207-228.

[60] 覃晖,周建中,王光谦,等. 基于多目标差分进化算法的水库多目标防洪调度研究[J]. 水利学报,2009,40(5):513-519.

[61] 王贝,朱迪,何锡君,等. 基于NSGA-Ⅱ算法的山区性中小流域水库群多目标生态调度研究[J]. 中国农村水利水电,2023(7):48-54.

[62] 纪昌明,马皓宇,彭杨. 面向梯级水库多目标优化调度的进化算法研究[J]. 水利学报,2020,51(12):1441-1452.

[63] 艾学山,郭佳俊,穆振宇,等. 梯级水库群多目标优化调度模型及CPF-DPSA算法研究

[J]. 水利学报,2023,54(1):68-78.

[64] ZHANG Z,QIN H,YAO L,et al. Improved multi-objective moth-flame optimization algorithm based on R-domination for cascade reservoirs operation[J]. Journal of Hydrology,2020,581:124431.

[65] VRUGT J A,TER BRAAK C J F,GUPTA H V,et al. Equifinality of formal (DREAM) and informal(GLUE) Bayesian approaches in hydrologic modeling? [J]. Stochastic Environmental Research and Risk Assessment,2009,23:1011-1026.

[66] LIANG Y,CAI Y,SUN L,et al. Sensitivity and uncertainty analysis for streamflow prediction based on multiple optimization algorithms in Yalong River Basin of southwestern China[J]. Journal of Hydrology,2021,601:126598.

[67] WANG H,WANG C,WANG Y,et al. Bayesian forecasting and uncertainty quantifying of stream flows using Metropolis-Hastings Markov Chain Monte Carlo algorithm[J]. Journal of Hydrology,2017,549:476-483.

[68] BOUDA M,ROUSSEAU A N,KONAN B,et al. Bayesian uncertainty analysis of the distributed hydrological model HYDROTEL[J]. Journal of Hydrologic Engineering, 2012,17(9):1021-1032.

[69] 何睿,庞博,张兰影,等. 基于 VIC 模型的黑河上游流域径流模拟不确定性分析[J]. 北京师范大学学报(自然科学版),2014,50(5):576-580.

[70] 李明亮,杨大文,陈劲松. 基于采样贝叶斯方法的洪水概率预报研究[J]. 水力发电学报,2011,30(3):27-33.

[71] 贺玉彬,朱畅畅,陈在妮,等. 大渡河流域径流预报不确定性溯源及降低控制方法[J]. 武汉大学学报(工学版),2021,54(1):65-71.

[72] CHEN C,GAN R,FENG D,et al. Quantifying the contribution of SWAT modeling and CMIP6 inputting to streamflow prediction uncertainty under climate change[J]. Journal of Cleaner Production,2022,364:132675.

[73] MEIRA NETO A A,OLIVEIRA P T S,RODRIGUES D B B,et al. Improving streamflow prediction using uncertainty analysis and Bayesian model averaging[J]. Journal of Hydrologic Engineering,2018,23(5):05018004.

[74] DUAN Q,AJAMI N K,GAO X,et al. Multi-model ensemble hydrologic prediction using Bayesian model averaging [J]. Advances in Water Resources, 2007, 30(5): 1371-1386.

[75] DARBANDSARI P,COULIBALY P. HUP-BMA:An integration of hydrologic uncertainty processor and Bayesian model averaging for streamflow forecasting[J]. Water Resources Research,2021,57(10):e2020WR029433.

[76] BOGNER K,PAPPENBERGER F. Multiscale error analysis,correction,and predictive uncertainty estimation in a flood forecasting system[J]. Water Resources Research,

2011,47(7):W07524.

[77] ZHANG J,CHEN J,LI X,et al. Combining postprocessed ensemble weather forecasts and multiple hydrological models for ensemble streamflow predictions[J]. Journal of Hydrologic Engineering,2020,25(1):04019060.

[78] HAPUARACHCHI H A P,BARI M A,KABIR A,et al. Development of a national 7-day ensemble streamflow forecasting service for Australia[J]. Hydrology and Earth System Sciences,2022,26(18):4801-4821.

[79] 仕玉治,周惠成. 基于云理论的径流不确定性推理模型研究[J]. 中国科学:技术科学,2011,41(2):192-197.

[80] 杨洵,徐炜,姜宏广. 基于 Box-Cox 算法的中期径流贝叶斯概率预报方法[J]. 水电能源科学,2018,36(6):17-21.

[81] LIANG Z,LI Y,HU Y,et al. A data-driven SVR model for long-term runoff prediction and uncertainty analysis based on the Bayesian framework[J]. Theoretical and applied climatology,2018,133:137-149.

[82] ROMERO-CUELLAR J,GASTULO-TAPIA C J,HERNÁNDEZ-LÓPEZ M R,et al. Towards an extension of the model conditional processor:Predictive uncertainty quantification of monthly streamflow via Gaussian mixture models and clusters[J]. Water,2022,14(8):1261.

[83] 康艳,程潇,陈沛如,等. 基于集成学习模型的非平稳月径流预报[J]. 水资源保护,2023,39(2):125-135+179.

[84] 徐冬梅,王亚琴,王文川. 基于 VMD-GRU 与非参数核密度估计的月径流区间预测方法及应用[J]. 水电能源科学,2022,40(6):1-5.

[85] ZHANG H,ZHANG L,CHANG J,et al. Study on the optimal operation of a hydropower plant group based on the stochastic dynamic programming with consideration for runoff uncertainty[J]. Water,2022,14(2):220.

[86] MA Y,ZHONG P,XU B,et al. Stochastic generation of runoff series for multiple reservoirs based on generative adversarial networks[J]. Journal of Hydrology,2022,605:127326.

[87] 张勇传,李福生,杜裕福,等. 水电站水库调度最优化[J]. 华中工学院学报,1981(6):49-56.

[88] 唐国磊. 考虑径流预报及其不确定性的水电站水库调度研究[D]. 大连:大连理工大学,2009.

[89] TAN Q,FANG G,WEN X,et al. Bayesian stochastic dynamic programming for hydropower generation operation based on copula functions[J]. Water Resources Management,2020,34:1589-1607.

[90] LEI X,TAN Q,WANG X,et al. Stochastic optimal operation of reservoirs based on

copula functions[J]. Journal of Hydrology,2018,557:265-275.

[91] 王丽萍,王渤权,李传刚,等.基于贝叶斯统计与MCMC思想的水库随机优化调度研究[J].水利学报,2016,47(9):1143-1152.

[92] KARAMOUZ M,VASILIADIS H V. Bayesian stochastic optimization of reservoir operation using uncertain forecasts[J]. Water Resources Research,1992,28(5):1221-1232.

[93] KARAMOUZ M,AHMADI A,MORIDI A. Probabilistic reservoir operation using Bayesian stochastic model and support vector machine[J]. Advances in Water Resources,2009,32(11):1588-1600.

[94] MUJUMDAR P P,NIRMALA B. A Bayesian stochastic optimization model for a multi-reservoir hydropower system[J]. Water Resources Management,2007,21:1465-1485.

[95] XU W,ZHANG C,PENG Y,et al. A two stage Bayesian stochastic optimization model for cascaded hydropower systems considering varying uncertainty of flow forecasts[J]. Water Resources Research,2014,50(12):9267-9286.

[96] LIU H,SUN Y,YIN X,et al. A reservoir operation method that accounts for different inflow forecast uncertainties in different hydrological periods[J]. Journal of Cleaner Production,2020,256:120471.

[97] 李芳芳,曹广晶,王光谦.考虑径流不确定性的水库优化调度响应曲面方法[J].水力发电学报,2012,31(6):49-54.

[98] 李雨,郭生练,周研来,等.考虑入库洪水随机过程的梯级水库防洪优化调度[J].四川大学学报(工程科学版),2012,44(6):13-20.

[99] 赵铜铁钢.考虑水文预报不确定性的水库优化调度研究[D].北京:清华大学,2013.

[100] 袁柳.水电站短期发电调度不确定性问题及优化方法[D].武汉:华中科技大学,2018.

[101] 宋培兵.枯水情景考虑预报不确定性的原水供水系统调度风险研究[D].杭州:浙江大学,2021.

[102] 廖貅武.不完全信息下的多属性决策理论、方法与应用研究[D].大连:大连理工大学,2002.

[103] AFSHAR A,MARIÑO M A,SAADATPOUR M,et al. Fuzzy TOPSIS multi-criteria decision analysis applied to Karun reservoirs system[J]. Water Resources Management,2011,25:545-563.

[104] HUANG X,XU B,ZHONG P,et al. Robust multiobjective reservoir operation and risk decision-making model for real-time flood control coping with forecast uncertainty[J]. Journal of Hydrology,2022,605:127334.

[105] YANG Z,YANG K,WANG Y,et al. The improved multi-criteria decision-making model for multi-objective operation in a complex reservoir system[J]. Journal of

Hydroinformatics,2019,21(5):851-874.

[106] 李克飞,纪昌明,张验科.水电站水库群多目标联合调度风险评价决策研究[J].中国农村水利水电,2012(10):120-122.

[107] FENG Z,LIU S,NIU W,et al. Multi-objective operation of cascade hydropower reservoirs using TOPSIS and gravitational search algorithm with opposition learning and mutation[J]. Water,2019,11(10):2040.

[108] HU M,HUANG G H,SUN W,et al. Optimization and evaluation of environmental operations for three gorges reservoir[J]. Water Resources Management,2016,30:3553-3576.

[109] 彭伟款,郭紫娟,张先勇,等. 基于NSGA-Ⅱ和模糊决策的交直流混合微电网多目标优化调度[J]. 广东电力,2023,36(2):42-51.

[110] 陈守煜.多阶段多目标决策系统模糊优选理论及其应用[J].水利学报,1990(1):1-10.

[111] 张慧峰,周建中,张勇传,等.基于区间优势可能势的模糊折衷型防洪多目标多属性决策方法[J].四川大学学报(工程科学版),2012,44(4):57-63.

[112] 董增川,陈牧风,倪效宽,等.考虑模糊区间的水库群优化调度决策方法[J].河海大学学报(自然科学版),2021,49(3):233-240.

[113] 岳浩,郑永路,徐斌,等.洪泽湖多目标水量调度决策模型及其应用[J].南水北调与水利科技(中英文),2023,21(2):258-266.

[114] 徐晨茜,吴贞晖,李析男,等.基于犹豫模糊集、前景理论和粗糙集的水库生态友好型调度方案评价[J].中国农村水利水电,2023(6):27-35.

[115] 陈思,徐炜,赵思琪,等.考虑农业需水的龙溪河流域水库群联合调度研究[J].人民珠江,2023,44(8):50-57.

[116] 朱昊阳,黄炜斌,瞿思哲,等.水库汛限水位动态控制域风险分析及方案优选[J].水利水电技术,2018,49(12):134-140.

[117] 马志鹏,陈守伦,李晓英.基于随机赋权法的洪水调度方案灰色决策模型[J].水电能源科学,2007(4):41-44.

[118] 许秀娟,牟浩.基于结构熵权灰色关联和D-S证据理论的水库兴利调度综合评价[J].水利与建筑工程学报,2014,12(2):21-25.

[119] 李英海,周建中,张勇传,等.水库防洪优化调度风险决策模型及应用[J].水力发电,2009,35(4):19-21+37.

[120] 谢伟.基于代理模型的梯级水库多目标精细化调度研究[D].武汉:华中科技大学,2021.

[121] 邹强,张利升,李文俊.基于累积前景理论和最大熵理论的水库多目标防洪调度决策方法[J].水电能源科学,2018,36(1):57-60+56.

[122] 卢有麟,陈金松,祁进,等.基于改进熵权和集对分析的水库多目标防洪调度决策方法研究[J].水电能源科学,2015,33(1):43-46.

[123] REN B,SUN Y,ZHOU Z,et al. Comprehensive evaluation model of reservoir operation based on improved set pair analysis[J]. Transactions of Tianjin University,2013,19(1):25-28.

[124] 王飞,黎勇秀. 基于集对分析的水库优化调度方案决策优选应用[J]. 水利科技与经济,2012,18(6):75-77.

[125] 吴成国. 水库洪水资源化调度方案优选智能方法与应用[D]. 合肥:合肥工业大学,2009.

[126] 杨菊香. 洮河梯级电站水库优化调度研究[D]. 西安:西安理工大学,2007.

[127] 吴佳,高学杰. 一套格点化的中国区域逐日观测资料及与其它资料的对比[J]. 地球物理学报,2013,56(4):1102-1111.

[128] XU Y,GAO X J,SHEN Y,et al. A daily temperature dataset over China and its application in validating a RCM simulation[J]. Advances in Atmospheric Sciences,2009,26(4),763-772.

[129] WU J,GAO X J,GIORGI F,et al. Changes of effective temperature and cold/hot days in late decades over China based on a high resolution gridded observation dataset[J] International Journal of Climatology, 2017, 37(S1),788-800.

[130] 李红波,夏潮军,王淑英. 中长期径流预报研究进展及发展趋势[J]. 人民黄河,2012,34(8):36-38+40.

[131] 彭甜. 流域水文气象特性分析及径流非线性综合预报研究[D]. 武汉:华中科技大学,2018.

[132] 王扬. 风电短期预测及其并网调度方法研究[D]. 杭州:浙江大学,2011.

[133] 吕金虎,陆君安,陈士华. 混沌时间序列分析及其应用[M]. 武汉:武汉大学出版社,2005.

[134] PACKARD N H ,CRUTCHFIELD J P ,SHAW R S . Geometry from a time series[J]. Physical Review Letters,2008,45:712.

[135] TAKENS F. Detecting Strange Attractors in Turbulence[J]. Dynamical Systems and Turbulence serial Lecture notes in Mathematics, 1981:366-381.

[136] 李眉眉,丁晶,王文圣. 基于混沌理论的径流降尺度分析[J]. 四川大学学报(工程科学版),2004,36(3):14-19.

[137] ZHANG L,XIA J,SONG X,et al. Similarity model of chaos phase space and its application in mid-and long-term hydrologic prediction [J]. Kybernetes, 2009, 38(10):1835-1842.

[138] 丁涛. 混沌理论在径流预报中的应用研究[D]. 大连:大连理工大学,2004.

[139] 胡莺庆. 转子碰摩非线性行为与故障辨识的研究[D]. 长沙:国防科学技术大学,2001.

[140] 李彦彬. 河川径流的混沌特征和预测研究[D]. 西安:西安理工大学,2009.

[141] 李天舒. 混沌时间序列分析方法研究及其应用[D]. 哈尔滨:哈尔滨工程大学,2006.

[142] KENNEL M B, BROWN R, ABARBANEL H D I. Determining embedding dimension for phase-space reconstruction using a geometrical construction[J]. Physical review A, 1992, 45(6): 3403.

[143] GRASSBERGER P, PROCACCIA I. Dimensions and entropies of strange attractors from a fluctuating dynamics approach [J]. Physica D: Nonlinear Phenomena, 1984, 13(1-2): 34-54.

[144] GRASSBERGER P. Generalized dimensions of strange attractors[J]. Physics Letters A, 1983, 97(6): 227-230.

[145] 熊立华，郭生练，付小平，等. 两参数月水量平衡模型的研制和应用[J]. 水科学进展，1996(S1): 80-86.

[146] 陈吉琴，宋萌勃，李太星. 两参数月水量平衡模型在西汉水流域的应用[J]. 人民长江，2015, 46(S1): 14-16.

[147] 张静文，郭家力，章梦杰，等. 基于径流丰枯分类的月水量平衡模型参数响应研究[J]. 水利水电技术，2019, 50(1): 81-89.

[148] 熊立华，刘烁楠，熊斌，等. 考虑植被和人类活动影响的水文模型参数时变特征分析[J]. 水科学进展，2018, 29(5): 625-635.

[149] 邓超. 月水量平衡水文模型的参数时变特征研究[D]. 武汉：武汉大学，2017.

[150] 史峰，王辉，郁磊，等. MATLAB 智能算法 30 个案例分析[M]. 北京：北京航空航天大学出版社，2011.

[151] SLATER L J, VILLARINI G, BRADLEY A A. Evaluation of the skill of North-American Multi-Model Ensemble (NMME) Global Climate Models in predicting average and extreme precipitation and temperature over the continental USA [J]. Climate Dynamics, 2019, 53: 7381-7396.

[152] GERS F A, SCHMIDHUBER J, CUMMINS F. Learning to forget: Continual prediction with LSTM[J]. Neural Computation, 2000, 12(10): 2451-2471.

[153] XU Y, HU C, WU Q, et al. Research on particle swarm optimization in LSTM neural networks for rainfall-runoff simulation[J]. Journal of Hydrology, 2022, 608: 127553.

[154] 黄显峰，王宁，刘志佳，等. 基于改进 NSGA-Ⅱ 算法的梯级水库多目标优化调度[J]. 水利水电科技进展，2024, 44(4): 51-58.

[155] 蔡卓森，戴凌全，刘海波，等. 基于支配强度的 NSGA-Ⅱ 改进算法在水库多目标优化调度中的应用[J]. 武汉大学学报(工学版)，2021, 54(11): 999-1007.

[156] 马川惠，李瑛，黄强，等. 基于 Spark 的水库群多目标调度粒子群并行化算法[J]. 西安理工大学学报，2018, 34(3): 309-313.

[157] COELLO C A C, LECHUGA M S. MOPSO: A proposal for multiple objective particle swarm optimization[C]//Proceedings of the 2002 Congress on Evolutionary Computation. CEC'02 (Cat. No. 02TH8600). IEEE, 2002, 2: 1051-1056.

[158] DEB K, PRATAP A, AGARWAL S, et al. A fast and elitist multiobjective genetic algorithm: NSGA-Ⅱ[J]. IEEE Transactions on Evolutionary Computation, 2002, 6(2): 182-197.

[159] YANG X S, KARAMANOGLU M, HE X. Flower pollination algorithm: A novel approach for multiobjective optimization[J]. Engineering Optimization, 2014, 46(9): 1222-1237.

[160] ZHANG Q, HUI L. MOEA/D: A multiobjective evolutionary algorithm based on decomposition[J]. IEEE Transactions on Evolutionary Computation, 2008, 11(6): 712-731.

[161] ARORA S, SINGH S. Butterfly optimization algorithm: A novel approach for global optimization[J]. Soft Computing, 2019, 23(3): 715-734.

[162] 高文欣,刘升,肖子雅,等. 柯西变异和自适应权重优化的蝴蝶算法[J]. 计算机工程与应用,2020,56(15):43-50.

[163] 高文欣,刘升,肖子雅,等. 全局优化的蝴蝶优化算法[J]. 计算机应用研究,2020,37(10):2966-2970.

[164] HE C, LI L, TIAN Y, et al. Accelerating large-scale multiobjective optimization via problem reformulation[J]. IEEE Transactions on Evolutionary Computation, 2019, 23(6): 949-961.

[165] 崔东文. 改进蝴蝶优化算法-投影寻踪模型在区域河长制考核评价中的应用[J]. 三峡大学学报(自然科学版),2019,41(5):12-18.

[166] 赵玲玲,王群京,陈权,等. 基于 IBBOA 优化 BP 神经网络的变压器故障诊断[J]. 电工电能新技术,2021,40(9):39-46.

[167] 白正玉. 基于改进蝴蝶优化算法的清土起藤机跨区作业调度研究[D]. 镇江:江苏大学,2021.

[168] 和树森,刘天羽. 基于改进蝴蝶算法的冷热电联供微网日前优化调度研究[J]. 电气技术,2021,22(3):14-19+68.

[169] 周果. 基于改进蝴蝶算法的路径规划问题研究[D]. 成都:西南交通大学,2020.

[170] 李田来,刘方爱. 带混沌映射的 WSN 蝴蝶优化定位算法[J]. 计算机工程与设计,2019,40(6):1729-1733.

[171] WEERASINGHE G, CHI H, CAO Y. Particle swarm optimization simulation via optimal Halton sequences[J]. Procedia Computer Science, 2016, 80: 772-781.

[172] 张小萍,谭欢. 具有动态方差高斯变异的蝴蝶优化算法[J]. 云南师范大学学报(自然科学版),2022,42(3):31-36.

[173] MANTEGNA R N. Fast, accurate algorithm for numerical simulation of Lévy stable stochastic processes[J]. Physical Review E, 1994, 49(5): 4677-4683.

[174] LIU M, YAO X, LI Y. Hybrid whale optimization algorithm enhanced with Lévy flight

and differential evolution for job shop scheduling problems[J]. Applied Soft Computing,2020,87:105954.

[175] DEB K,THIELE L,LAUMANNS M,et al. Scalable test problems for evolutionary multiobjective optimization[M]//Evolutionary multiobjective optimization. Springer, London,2005:105-145.

[176] TIAN Y,XIANG X,ZHANG X,et al. Sampling reference points on the Pareto fronts of benchmark multi-objective optimization problems[C]//Proceedings of the 2018 IEEE World Congress on Computational Intelligence(WCCI 2018). Institute of Electrical and Electronics Engineers(IEEE),2018.

[177] 封文清. 基于 Pareto 前沿感知的多目标进化优化理论与方法[D]. 徐州:中国矿业大学,2021.

[178] 田野. 基于进化算法的复杂多目标优化问题求解[D]. 合肥:安徽大学,2018.

[179] 李大海,詹美欣,王振东. 混合策略改进的麻雀搜索算法及其应用[J]. 计算机应用研究,2023,40(2):404-412.

[180] DERRAC J,GARCÍA S,MOLINA D,et al. A practical tutorial on the use of nonparametric statistical tests as a methodology for comparing evolutionary and swarm intelligence algorithms[J]. Swarm and Evolutionary Computation,2011,1(1):3-18.

[181] PEREIRA D G,AFONSO A,MEDEIROS F M. Overview of Friedman's test and post-hoc analysis[J]. Communications in Statistics-Simulation and Computation,2015,44(10):2636-2653.

[182] 马皓宇. 雅砻江中下游梯级水库多目标精细优化调度及决策方法研究[D]. 北京:华北电力大学,2021.

[183] 王玉蓉,李嘉,李克锋,等. 水电站减水河段鱼类生境需求的水力参数[J]. 水利学报,2007(1):107-111.

[184] 刘彦哲,方国华,黄显峰,等. 考虑不同生态需求层次的水电站水库生态调度研究[J]. 水力发电,2022,48(2):1-7+87.

[185] 冯志刚,梁树献,徐胜,等. 近 60 年淮河流域夏季降水的变化特征[J]. 水文,2019,39(6):85-89.

[186] 张敬平,黄强,赵雪花. 漳泽水库径流时间序列变化特征与突变分析[J]. 干旱区资源与环境,2014,28(1):131-135.

[187] 童心,刘冀,彭涛,等. 基于水文学法的雅砻江中游河段生态流量研究[J]. 人民长江,2022,53(8):58-64+93.

[188] CHEN D,CHEN Q,LI R,et al. Ecologically-friendly operation scheme for the Jinping cascaded reservoirs in the Yalongjiang River,China[J]. Frontiers of Earth Science,2014,8(2):282-290.

[189] 周亮广,金菊良,周玉良,等. 基于集对分析的江淮丘陵区农业水土资源匹配分析[J].

水资源保护,2023,39(4):118-125+186.

[190] 赵克勤.集对分析及其初步应用[M].杭州:浙江科学技术出版社,2000.

[191] 龚艳冰.基于正态云模型和熵权的河西走廊城市化生态风险综合评价[J].干旱区资源与环境,2012,26(5):169-174.

[192] 季晓翠,王建群,傅杰民.基于云模型的滨海小流域水生态文明评价[J].水资源保护,2019,35(2):74-79.

[193] 徐征捷,张友鹏,苏宏升.基于云模型的模糊综合评判法在风险评估中的应用[J].安全与环境学报,2014,14(2):69-72.

[194] 曹佳梦,官冬杰,黄大楠,等.重庆市生态风险预警等级划分及演化趋势模拟[J].生态学报,2022,42(16):6579-6594.

[195] 金菊良,陈鹏飞,张浩宇,等.五元减法集对势及其在水资源承载力趋势分析中的应用[J].华北水利水电大学学报(自然科学版),2020,41(2):30-35+42.

[196] 张世锴,王义民,郭爱军,等.基于级联效应的水库调度决策多维综合评估[J].自然灾害学报,2023,32(2):133-143.

[197] 关宏艳,李宗坤,葛巍,等.基于加权广义马氏距离的 TOPSIS 方法在水库防洪调度决策中的应用[J].天津大学学报(自然科学与工程技术版),2016,49(12):1276-1281.

[198] 申海,解建仓,罗军刚,等.直觉模糊集的水库洪水调度多属性组合决策方法及应用[J].西安理工大学学报,2012,28(1):56-61.

[199] 郑玉婷,王丽萍,谢宇韬,等.改进的 VIKOR 决策模型在大隆水库汛期水位动态控制中的应用[J].水电能源科学,2020,38(6):38-41.

[200] KESHAVARZ G M, ZAVADSKAS E K, OLFAT L, et al. Multi-criteria inventory classification using a new method of evaluation based on distance from average solution (EDAS)[J]. Informatica,2015,26(3):435-451.

[201] 彭定洪,饶宏伟.含多重偏见的犹豫模糊群体决策方法[J].模糊系统与数学,2022,36(2):49-59.

[202] GHORABAEE M K, ZAVADSKAS E K, AMIRI M, et al. Extended EDAS method for fuzzy multi-criteria decision-making: an application to supplier selection[J]. International Journal of Computers Communications & Control,2016,11(3):358-371.

[203] ZHANG S, WEI G, GAO H, et al. EDAS method for multiple criteria group decision making with picture fuzzy information and its application to green suppliers selections[J]. Technological and Economic Development of Economy,2019,25(6):1123-1138.

[204] KAHRAMAN C, KESHAVARZ GHORABAEE M, ZAVADSKAS E K, et al. Intuitionistic fuzzy EDAS method: An application to solid waste disposal site selection[J]. Journal of Environmental Engineering and Landscape Management,2017,25(1):1-12.

[205] KINGMA D P, WELLING M. An introduction to variational autoencoders[J]. Foundations and Trends in Machine Learning,2019,12(4):307-392.

[206] AN J, CHO S. Variational autoencoder based anomaly detection using reconstruction probability[J]. Special Lecture on IE, 2015, 2(1): 1-18.

[207] 王先先,李菲菲,陈虬. 一种基于改进条件生成式对抗网络的人脸表情生成方法[J]. 小型微型计算机系统, 2020, 41(9): 1987-1992.

[208] 金棋. 基于生成网络的行星齿轮箱故障诊断技术研究[D]. 南京:南京航空航天大学, 2019.

[209] 许吉良. 非平行文本条件下基于 i-vector 和改进变分自编码器的多对多语音转换算法研究[D]. 南京:南京邮电大学, 2019.

[210] ŽIŽOVIC M, PAMUCAR D. New model for determining criteria weights: Level Based Weight Assessment(LBWA) model[J]. Decision Making: Applications in Management and Engineering, 2019, 2(2): 126-137.

[211] PAMUCAR D, DEVECI M, CANITEZ F, et al. Selecting an airport ground access mode using novel fuzzy LBWA-WASPAS-H decision making model[J]. Engineering Applications of Artificial Intelligence, 2020, 93: 103703.

[212] DEVECI M, ÖZCAN E, JOHN R, et al. A study on offshore wind farm siting criteria using a novel interval-valued fuzzy-rough based Delphi method[J]. Journal of Environmental Management, 2020, 270: 110916.

[213] 李兵抗. 电力市场多元主体信用风险测度及防控模型研究[D]. 北京:华北电力大学, 2022.

[214] TORKAYESH A E, PAMUCAR D, ECER F, et al. An integrated BWM-LBWA-CoCoSo framework for evaluation of healthcare sectors in Eastern Europe[J]. Socio-Economic Planning Sciences, 2021, 78: 101052.

[215] KESHAVARZ-GHORABAEE M, AMIRI M, ZAVADSKAS E K, et al. Determination of objective weights using a new method based on the removal effects of criteria (MEREC)[J]. Symmetry, 2021, 13(4): 525.

[216] GOSWAMI S S, MOHANTY S K, BEHERA D K. Selection of a green renewable energy source in India with the help of MEREC integrated PIV MCDM tool[J]. Materials Today: Proceedings, 2022, 52: 1153-1160.

[217] NICOLALDE J F, CABRERA M, MARTÍNEZ-GóMEZ J, et al. Selection of a phase change material for energy storage by multi-criteria decision method regarding the thermal comfort in a vehicle[J]. Journal of Energy Storage, 2022, 51: 104437.

[218] SHANMUGASUNDAR G, SAPKOTA G, ČEP R, et al. Application of MEREC in multi-criteria selection of optimal spray-painting robot [J]. Processes, 2022, 10(6): 1172.

[219] KELES. Measuring performances through multiplicative functions by modifying the MEREC method: MEREC-G and MEREC-H[J]. International Journal of Industrial

Engineering and Operations Management,2023,15(16):12635.

[220] REN J,TONIOLO S. Life cycle sustainability decision-support framework for ranking of hydrogen production pathways under uncertainties:An interval multi-criteria decision making approach[J]. Journal of Cleaner Production,2018,175:222-236.

[221] XU Z S,DA Q L. A likelihood-based method for priorities of interval judgment matrices[J]. Chinese Journal of Management Science,2003,11(1):63-65.

附录

A 不同典型年下各备选方案决策属性均值统计结果

表 A.1 丰水年各备选方案决策属性均值统计

方案编号	系统发电量 (×10^8 kW·h)	出力波动系数	生态效益指数	发电量风险(%)	生态风险(%)
1	589.865 1	0.184 4	0.538 3	27.12	0.00
2	803.254 7	0.227	0.545 3	3.81	0.02
3	687.447 6	0.178 1	0.526 5	15.69	0.00
4	661.721 6	0.452 1	0.731 2	2.52	2.52
5	638.005 1	0.426 4	0.743 6	0.24	2.82
6	813.521 7	0.193 3	0.551 7	1.00	0.00
7	570.742	0.324 4	0.659 8	25.95	0.16
8	561.905 4	0.321 7	0.657 4	27.20	0.17
9	802.334 4	0.214 8	0.589 8	0.99	0.02
10	671.352 9	0.235 2	0.590 3	16.82	0.01
11	691.821 5	0.372 1	0.711 7	1.12	2.45
12	612.104 6	0.201 6	0.552 6	24.54	0.00
13	663.546 8	0.386 8	0.733 8	0.71	1.75
14	607.01	0.285 8	0.627 6	22.85	0.26
15	678.930 5	0.426 4	0.727 5	2.51	0.41
16	682.225 3	0.235 2	0.594 3	15.20	0.03
17	642.495 6	0.414 3	0.743 7	0.91	2.09
18	651.055 5	0.402 4	0.74	0.89	2.16

续表

方案编号	系统发电量（$\times 10^8$ kW·h）	出力波动系数	生态效益指数	发电量风险(%)	生态风险(%)
19	694.840 2	0.364	0.706 2	2.72	2.09
20	807.268 6	0.208 7	0.584 7	0.96	0.00
21	717.682 8	0.316 3	0.681 5	3.76	1.66
22	711.685 1	0.335 1	0.691	4.16	1.00
23	662.855 2	0.448 4	0.731 8	2.66	2.45
24	693.133 7	0.368 6	0.706 8	2.42	2.41
25	701.663 3	0.347 5	0.705	3.23	0.92
26	711.953 2	0.333 5	0.690 7	4.28	0.75
27	614.940 3	0.283 2	0.626 9	22.00	0.24
28	679.366 4	0.178 8	0.529	16.55	0.00
29	706.447	0.345 7	0.699 2	3.76	1.23
30	697.779 4	0.176 7	0.527 9	14.34	0.00
31	672.654	0.375 2	0.728 3	0.71	1.18
32	723.562 8	0.300 8	0.682 2	4.63	0.10
33	664.932 9	0.384 7	0.732 4	0.69	1.67
34	723.250 8	0.307 2	0.683 4	3.63	0.75
35	672.655 2	0.373 2	0.728 1	0.86	0.75
36	692.909 4	0.370 7	0.711 2	1.19	2.40
37	712.499 6	0.333 6	0.691 3	4.15	0.76
38	665.617 4	0.445 2	0.731 8	2.70	1.79
39	644.855 6	0.410 8	0.742 3	0.89	2.22
40	719.625 7	0.308 8	0.684 7	4.25	0.48
41	812.026 1	0.197 1	0.556 2	0.74	0.00
42	698.167 4	0.356 1	0.707 2	2.72	1.66
43	732.634 8	0.226 2	0.594 6	9.04	0.04
44	667.141	0.259 5	0.622	15.78	0.18
45	696.018 8	0.360 4	0.708 1	1.79	2.04
46	809.877 7	0.198 9	0.558 1	0.80	0.01
47	666.749 9	0.443	0.731 5	2.67	1.84

续表

方案编号	系统发电量 (×10⁸ kW·h)	出力波动系数	生态效益指数	发电量风险(%)	生态风险(%)
48	707.552 2	0.349 2	0.699 6	3.02	1.81
49	640.141	0.417 2	0.745 4	0.83	2.16
50	716.835 8	0.258 6	0.636 9	8.48	0.11
51	649.048 9	0.405 6	0.740 9	0.89	2.17
52	723.719 5	0.302	0.682 4	4.51	0.13
53	717.721 3	0.268 3	0.641 3	7.79	0.39
54	675.253 6	0.431 6	0.729 7	2.65	0.62
55	673.661 3	0.434 3	0.729 8	2.64	0.79
56	721.870 9	0.310 7	0.683 3	3.58	1.14
57	715.918	0.319 5	0.682 5	3.93	1.83
58	668.158 7	0.379 8	0.731 5	0.69	1.25
59	697.197	0.360 6	0.706 2	2.91	1.71
60	735.128	0.233 7	0.614 8	8.26	0.01
61	721.844	0.303 5	0.674 8	4.99	0.32
62	695.983 1	0.362 5	0.706 1	2.82	2.09
63	658.029 4	0.393 3	0.736	0.85	2.03
64	652.138 9	0.400 2	0.740 4	0.89	2.04
65	717.339 2	0.262 1	0.639 4	8.17	0.23
66	647.861 4	0.405 6	0.741 8	0.88	2.12
67	721.927 4	0.304 5	0.684 7	4.05	0.27
68	725.344 5	0.233 5	0.611 4	9.62	0.01
69	670.628 4	0.384 7	0.729 8	0.98	0.92
70	675.896 9	0.311	0.674 4	11.30	0.20
71	656.998 8	0.393 4	0.737 3	0.83	1.87
72	639.883 7	0.422 5	0.743 6	0.30	2.75
73	705.377 2	0.261 5	0.639 1	10.01	0.05
74	708.324 6	0.342 1	0.698 3	3.92	0.68
75	641.959 9	0.187 3	0.544 4	21.06	0.00
76	720.830 4	0.259 8	0.638 4	7.83	0.21

续表

方案编号	系统发电量（×10⁸ kW·h）	出力波动系数	生态效益指数	发电量风险(%)	生态风险(%)
77	672.769 2	0.234 1	0.589 3	16.68	0.02
78	695.341 5	0.302 5	0.675 9	8.90	0.07
79	709.672 8	0.346	0.699 3	3.02	1.70
80	622.571	0.187 6	0.546 5	23.15	0.00
81	694.109 8	0.368 9	0.708 1	1.22	2.47
82	678.638 6	0.310 9	0.674	10.86	0.22
83	657.106 4	0.395 9	0.737 2	1.00	2.12
84	571.371 2	0.324 8	0.660 4	25.84	0.18
85	559.104 8	0.321 7	0.656 5	27.59	0.18
86	706.681 5	0.306 1	0.674 4	7.07	0.30
87	580.000 4	0.214 8	0.561 4	28.23	0.00
88	560.621 8	0.328 3	0.663 9	27.06	0.15
89	723.060 7	0.308 3	0.683 4	3.54	0.98
90	701.247	0.302 1	0.676 2	8.13	0.08
91	709.616 8	0.262 4	0.640 8	9.35	0.08
92	712.898	0.267 1	0.64	8.57	0.47
93	711.103 1	0.335 8	0.691	4.15	1.04
94	707.328 2	0.342 9	0.699 3	3.80	0.84
95	812.161 4	0.194 8	0.553 1	1.05	0.00
96	638.519 7	0.430 2	0.743 2	0.26	2.86
97	709.169 1	0.347 2	0.699 3	3.02	1.75
98	708.481 1	0.340 6	0.691	4.28	1.21
99	574.306 5	0.314 4	0.656 2	25.84	0.13
100	666.672 8	0.383	0.731 5	0.71	1.53

表 A.2　平水年各备选方案决策属性均值统计

方案编号	系统发电量（×10⁸ kW·h）	出力波动系数	生态效益指数	发电量风险(%)	生态风险(%)
1	614.624 3	0.458 4	0.786 9	0.24	1.93
2	683.692	0.154 3	0.607 8	2.82	0.00

续表

方案编号	系统发电量（$\times10^8$ kW·h）	出力波动系数	生态效益指数	发电量风险(%)	生态风险(%)
3	596.281 8	0.424 3	0.793 6	0.29	1.84
4	750.362 1	0.223 9	0.539 7	0.79	0.10
5	728.402 1	0.171 2	0.576 7	2.50	0.00
6	727.359 2	0.227 4	0.656 7	1.34	0.01
7	691.971	0.25	0.679 6	0.68	0.00
8	618.263	0.453 9	0.786 3	0.29	1.94
9	670.389 4	0.296 1	0.724	0.39	0.18
10	725.506 9	0.171 4	0.577 3	2.59	0.00
11	665.915 8	0.366 7	0.761 8	1.22	0.93
12	723.404 3	0.229 5	0.663 5	1.37	0.01
13	729.034	0.225	0.652 3	1.32	0.02
14	598.917 3	0.418 5	0.793 5	0.29	1.64
15	680.370 6	0.349 2	0.750 5	1.23	0.07
16	697.139 2	0.163 7	0.605 8	3.15	0.00
17	620.65	0.446 7	0.786	0.35	1.86
18	697.966 8	0.164 4	0.605 6	3.18	0.00
19	625.233 4	0.438 8	0.785 1	0.41	1.69
20	668.492 8	0.296 4	0.726 1	0.49	0.30
21	715.233	0.241 7	0.674 8	1.57	0.03
22	725.018	0.238 5	0.662 6	1.26	0.01
23	685.345 3	0.258 7	0.702 2	0.81	0.00
24	690.237 3	0.157 4	0.612 2	3.11	0.00
25	696.220 8	0.162 4	0.607 1	3.22	0.00
26	680.624 7	0.268	0.708 2	1.06	0.00
27	639.947 5	0.406 3	0.775 9	0.80	0.38
28	606.406 6	0.403 6	0.791 8	0.30	0.73
29	633.670 6	0.336 2	0.759 1	3.80	0.00
30	704.501 6	0.156 5	0.589 9	2.59	0.00
31	622.557	0.366 5	0.765 7	3.77	0.17

续表

方案编号	系统发电量（$\times 10^8$ kW·h）	出力波动系数	生态效益指数	发电量风险（%）	生态风险（%）
32	689.177 8	0.247 3	0.695 6	0.96	0.00
33	696.593 4	0.346 9	0.712 5	0.97	0.23
34	710.412 2	0.296 7	0.681 4	1.54	0.14
35	623.229 9	0.378 7	0.764 3	3.53	0.26
36	622.539 6	0.436 7	0.784 9	0.39	1.78
37	629.164 5	0.344 9	0.764 4	3.91	0.01
38	695.327 5	0.243 2	0.677 9	0.91	0.00
39	676.191 8	0.358 5	0.753 3	1.22	0.18
40	709.463 6	0.158	0.587 4	2.52	0.00
41	719.223	0.241 5	0.668 9	1.34	0.06
42	597.797 1	0.421 3	0.792 4	0.29	1.89
43	692.119 6	0.246 9	0.678 5	0.89	0.00
44	632.629 2	0.333 5	0.761 1	3.95	0.00
45	683.735	0.263 1	0.702 9	1.09	0.00
46	686.552 2	0.254 1	0.701 3	0.84	0.00
47	682.660 2	0.201	0.648 7	3.44	0.00
48	678.799 6	0.353	0.751 6	1.25	0.11
49	631.841 5	0.429 6	0.781 8	0.54	0.41
50	688.125 6	0.250 1	0.697 9	0.77	0.00
51	626.834 4	0.437 5	0.784 5	0.46	1.52
52	624.491 3	0.361 5	0.765 8	3.75	0.16
53	692.785 6	0.185 9	0.618 2	3.26	0.00
54	683.322 9	0.200 7	0.649 8	3.45	0.00
55	731.621 9	0.217 8	0.644 9	1.41	0.01
56	632.407 8	0.436 7	0.783 3	0.54	0.83
57	713.035 8	0.244 2	0.680 1	1.59	0.03
58	627.146 2	0.350 7	0.763 4	3.90	0.06
59	637.216 8	0.365 4	0.769	0.26	0.66
60	732.130 6	0.215 7	0.643 6	1.48	0.01

续表

方案编号	系统发电量（×10^8 kW·h）	出力波动系数	生态效益指数	发电量风险(%)	生态风险(%)
61	620.922	0.384 8	0.785 6	0.27	0.08
62	717.466	0.169 1	0.587 1	2.57	0.00
63	683.687 9	0.261 8	0.702 4	1.16	0.00
64	623.766 1	0.360 1	0.763 4	3.93	0.09
65	632.277 2	0.372 3	0.770 5	0.23	1.11
66	691.725 6	0.187 1	0.621 2	3.27	0.00
67	616.227	0.456 9	0.787 2	0.26	1.88
68	741.773 1	0.209 3	0.625 2	0.91	0.01
69	621.835 9	0.431 9	0.785 9	0.35	1.58
70	600.376 5	0.416 8	0.793 3	0.33	1.50
71	675.899 3	0.275 5	0.713 7	0.61	0.00
72	604.204 1	0.414 4	0.790 9	0.32	1.51
73	723.838 2	0.171 5	0.577 3	2.55	0.00
74	684.413 4	0.153 1	0.607 5	3.02	0.00
75	663.694 2	0.304 5	0.729 3	0.50	0.24
76	695.280 4	0.350 3	0.713 1	1.03	0.34
77	628.822 9	0.343 6	0.764 9	3.92	0.01
78	663.111 2	0.311 1	0.730 3	0.34	0.28
79	666.574 2	0.303	0.727 6	0.43	0.27
80	664.666 5	0.300 6	0.727 1	0.47	0.41
81	639.450 9	0.407 2	0.776 7	0.76	0.43
82	742.429 4	0.211	0.626	0.93	0.00
83	602.52	0.418 7	0.791 5	0.29	1.61
84	666.376 6	0.338 1	0.734 3	0.21	0.18
85	687.444 1	0.194 3	0.629 3	3.10	0.00
86	667.131 1	0.364 1	0.761 8	1.23	0.89
87	692.790 5	0.246 3	0.677 7	0.93	0.00
88	695.448 1	0.162 1	0.608 1	3.20	0.00
89	745.873 2	0.206 3	0.611 8	0.80	0.00

续表

方案编号	系统发电量（$\times 10^8$ kW·h）	出力波动系数	生态效益指数	发电量风险(%)	生态风险(%)
90	692.596 4	0.187 5	0.621 3	3.38	0.00
91	680.647 4	0.269	0.709 8	0.70	0.00
92	721.588 3	0.174 8	0.582 5	2.67	0.05
93	679.777 3	0.352 6	0.750 7	1.23	0.07
94	665.952 8	0.330 6	0.736 2	0.20	0.27
95	745.148 9	0.207 8	0.614 7	1.00	0.00
96	666.547 2	0.304 1	0.728 9	0.37	0.24
97	729.719 9	0.224 5	0.652 8	1.33	0.01
98	632.107 5	0.338	0.766 7	3.89	0.00
99	613.633 1	0.390 7	0.789	0.24	0.40
100	694.254	0.182 6	0.613 6	3.23	0.00

表 A.3　枯水年各备选方案决策属性均值统计

方案编号	系统发电量（$\times 10^8$ kW·h）	出力波动系数	生态效益指数	发电量风险(%)	生态风险(%)
1	623.320 8	0.156 8	0.682 3	1.85	0.00
2	624.896	0.168 5	0.682 8	1.87	0.00
3	541.825 7	0.368	0.856 3	1.56	1.58
4	611.529 2	0.125 9	0.687	1.75	0.00
5	541.805 7	0.368 1	0.856 3	1.64	1.58
6	567.604 9	0.341 8	0.841	2.18	0.36
7	543.990 7	0.358 2	0.856 3	1.74	1.57
8	597.630 3	0.163 3	0.750 1	2.15	0.00
9	561.403 5	0.297 4	0.834 4	2.84	0.05
10	609.069 3	0.136 2	0.720 6	2.16	0.00
11	612.201 6	0.128 8	0.713	2.04	0.00
12	621.150 8	0.161 2	0.683 1	2.13	0.00
13	544.155 6	0.361	0.855	1.82	1.70
14	611.383 4	0.130 9	0.714 1	2.00	0.00
15	549.288 7	0.334 4	0.851	2.58	0.48

续表

方案编号	系统发电量（$\times10^8$ kW·h）	出力波动系数	生态效益指数	发电量风险(%)	生态风险(%)
16	554.685 4	0.320 1	0.845 1	2.26	0.66
17	569.117 2	0.337 5	0.840 4	2.18	0.39
18	568.979 8	0.337 9	0.840 4	2.17	0.40
19	621.776 4	0.195	0.666 7	1.73	0.32
20	588.539 1	0.180 9	0.767 7	2.09	0.02
21	610.707 1	0.139 4	0.704 6	1.92	0.00
22	602.489 3	0.156	0.736 7	2.32	0.00
23	605.105 7	0.146 9	0.734 1	2.31	0.00
24	623.047 4	0.159 3	0.683 1	1.95	0.00
25	615.344	0.134 6	0.693 6	2.00	0.00
26	598.403 1	0.162 4	0.749 8	2.21	0.00
27	619.798 9	0.180 9	0.663 8	1.71	1.09
28	617.592 4	0.142 3	0.684 5	1.79	0.00
29	550.849 5	0.33	0.846 2	2.71	0.60
30	613.163 2	0.132 2	0.7	1.98	0.00
31	607.246 5	0.138 1	0.723 7	2.23	0.00
32	545.636 7	0.351	0.857	1.95	1.26
33	548.290 5	0.336 1	0.851 4	2.52	0.66
34	604.724 9	0.147 9	0.734 9	2.17	0.00
35	589.097 4	0.267 3	0.81	2.34	0.01
36	556.055 7	0.314 8	0.844 9	2.26	0.66
37	581.764 2	0.298 1	0.828 6	2.40	0.07
38	599.608	0.156	0.739 6	2.14	0.00
39	589.465 5	0.267 5	0.812 7	2.29	0.01
40	574.804 3	0.232 4	0.794	2.64	0.00
41	623.462 4	0.157 4	0.682 8	1.86	0.00
42	546.117	0.349 8	0.856 9	1.93	1.17
43	619.531 1	0.204 9	0.669 2	1.72	0.80
44	548.052	0.338 7	0.851 1	2.48	0.86

续表

方案编号	系统发电量（$\times10^8$ kW·h）	出力波动系数	生态效益指数	发电量风险(%)	生态风险(%)
45	621.191 9	0.191 5	0.689 2	1.74	0.00
46	545.059 4	0.357 3	0.855	1.81	1.64
47	587.586 4	0.188 3	0.769 9	1.99	0.03
48	595.555 7	0.173 9	0.756 6	2.36	0.01
49	597.538 4	0.166 8	0.753	2.23	0.00
50	559.220 3	0.299	0.839 6	2.47	0.16
51	583.382 5	0.289 9	0.828 2	2.36	0.02
52	601.076 5	0.159 1	0.747	2.19	0.00
53	555.147 9	0.321	0.844 4	2.26	0.78
54	549.022 4	0.334	0.851	2.57	0.41
55	545.386 3	0.353 9	0.856	1.91	1.39
56	558.973 3	0.305	0.840 2	2.77	0.06
57	572.036 9	0.328 3	0.839 8	2.24	0.25
58	615.142 2	0.129	0.693 5	1.84	0.00
59	601.664 6	0.150 8	0.737 3	2.16	0.00
60	601.765 2	0.157 5	0.738 9	2.35	0.00
61	607.761 1	0.143	0.730 5	2.28	0.00
62	617.902 5	0.21	0.700 7	1.67	0.00
63	544.699 7	0.357	0.856	1.80	1.53
64	590.241 1	0.183 8	0.763 6	2.56	0.01
65	586.090 5	0.281	0.823 1	2.38	0.02
66	599.968 7	0.160 6	0.748 7	2.18	0.00
67	607.135 2	0.138 7	0.722 7	2.09	0.00
68	621.660 8	0.194 6	0.667 1	1.72	0.26
69	584.172	0.194 8	0.773 8	2.09	0.02
70	552.053 8	0.327 3	0.845 8	2.34	0.90
71	570.447 1	0.250 3	0.797 4	2.75	0.02
72	558.995 4	0.299 6	0.839 6	2.47	0.20
73	575.463 1	0.230 6	0.790 5	2.72	0.00

续表

方案编号	系统发电量 (×10^8 kW·h)	出力波动系数	生态效益指数	发电量风险(%)	生态风险(%)
74	601.520 5	0.157 7	0.739 6	2.29	0.00
75	620.358 6	0.188 6	0.696 7	1.69	0.00
76	571.763 6	0.246 5	0.796 5	2.75	0.02
77	611.893	0.130 7	0.714 1	1.99	0.00
78	575.668 6	0.231	0.792 4	2.67	0.00
79	620.374 7	0.188 2	0.694 7	1.76	0.00
80	550.635 2	0.334 6	0.854 6	2.16	0.31
81	615.153 1	0.129 8	0.694 4	1.88	0.00
82	544.343 6	0.36	0.854 9	1.78	1.73
83	572.338 4	0.245 7	0.792 5	2.63	0.03
84	559.982 4	0.296 7	0.839 2	2.49	0.09
85	611.141 9	0.137 9	0.702 8	1.93	0.00
86	548.105 9	0.344 2	0.857	1.98	0.84
87	582.701 3	0.292 2	0.828 9	2.38	0.02
88	591.505 6	0.260 2	0.811 5	2.30	0.00
89	586.4117	0.280 1	0.822 2	2.37	0.02
90	569.996 8	0.335 3	0.840 7	2.23	0.35
91	573.644 7	0.241 6	0.794 6	2.69	0.01
92	580.394 3	0.300 2	0.829 6	2.39	0.08
93	548.061 2	0.339 4	0.851 1	2.48	0.83
94	585.416 2	0.283 5	0.823 1	2.39	0.03
95	591.651	0.260 9	0.811 1	2.33	0.00
96	558.500 3	0.301 7	0.839 7	2.44	0.20
97	589.464	0.271 9	0.822	2.37	0.00
98	574.677 2	0.242 5	0.792 6	2.72	0.01
99	556.817 7	0.309 8	0.843 2	2.33	0.40
100	547.291 3	0.342 4	0.851 2	2.45	0.94

B　不同典型年下各备选方案决策属性区间数统计结果

表 B.1　丰水年各备选方案决策属性区间数统计

方案编号	系统发电量（$\times 10^8$ kW·h）	出力波动系数	生态效益指数	发电量风险（%）	生态风险（%）
1	[538.739 2,799.622 1]	[0.147 1,0.206 4]	[0.520 8,0.553 9]	[1.20,33.43]	[0.00,0.15]
2	[783.685 7,811.641 7]	[0.212 2,0.231 1]	[0.535 6,0.556 8]	[2.80,6.15]	[0.00,0.97]
3	[551.024 6,801.373 4]	[0.153 8,0.216 9]	[0.511 8,0.54]	[1.72,32.42]	[0.00,0.00]
4	[645.010 9,676.523]	[0.424 1,0.479 9]	[0.717 3,0.739]	[0.34,4.98]	[1.49,4.37]
5	[628.281 4,649.007 5]	[0.416 3,0.486 1]	[0.683 2,0.753 9]	[0.00,1.47]	[1.47,10.71]
6	[805.246,823.409 7]	[0.190 7,0.210 9]	[0.537 5,0.563 9]	[0.00,2.00]	[0.00,0.78]
7	[500.029 3,752.753 7]	[0.273 9,0.358]	[0.635 1,0.6775]	[2.34,35.13]	[0.00,3.30]
8	[500.054 1,755.574 8]	[0.269 8,0.359]	[0.632 3,0.673 5]	[2.10,35.21]	[0.00,3.35]
9	[793.402,816.352 7]	[0.211 2,0.231 1]	[0.572 9,0.600 9]	[0.00,2.08]	[0.00,1.52]
10	[533.970 2,790.489 9]	[0.208 8,0.284 7]	[0.571 4,0.602]	[2.06,33.84]	[0.00,1.35]
11	[657.864,704.8555]	[0.350 1,0.394]	[0.699 5,0.723 7]	[0.00,5.97]	[0.81,4.14]
12	[540.047 4,796.994 8]	[0.167 5,0.229 8]	[0.537 2,0.565 7]	[1.75,33.42]	[0.00,0.34]
13	[642.178 9,678.242 3]	[0.368 9,0.442 6]	[0.718 2,0.745 7]	[0.00,3.73]	[0.16,3.84]
14	[508.524 1,769.624 6]	[0.245 3,0.331 9]	[0.610 5,0.635 9]	[2.18,35.37]	[0.00,2.83]
15	[662.960 9,693.358 5]	[0.401 5,0.446 2]	[0.706 9,0.735 7]	[0.43,4.80]	[0.00,3.15]
16	[529.908 6,787.184 7]	[0.211,0.289 1]	[0.575 4,0.607]	[2.16,34.14]	[0.00,1.80]
17	[619.730 4,658.346 5]	[0.393 9,0.475 7]	[0.722 8,0.752 6]	[0.00,4.30]	[0.92,4.84]
18	[628.734 7,668.633 5]	[0.381 3,0.466 1]	[0.721 6,0.750 2]	[0.00,4.19]	[0.81,4.58]
19	[666.988 1,710.187 5]	[0.344,0.392 7]	[0.692 5,0.718 6]	[0.57,6.62]	[0.37,3.99]
20	[798.281,819.242 8]	[0.205 9,0.225 5]	[0.568 5,0.593 4]	[0.00,2.06]	[0.00,0.72]
21	[689.842 4,733.023 2]	[0.302 4,0.340 1]	[0.662 8,0.697 4]	[1.70,7.49]	[0.00,4.35]
22	[685.172 5,728.569 4]	[0.319 5,0.356 1]	[0.671 2,0.709 9]	[1.89,7.73]	[0.00,3.82]
23	[645.396 8,678.677 3]	[0.420 7,0.474 1]	[0.717 3,0.739 8]	[0.33,5.22]	[1.37,4.37]
24	[666.842 6,706.945 1]	[0.344 4,0.388 8]	[0.693 2,0.718 8]	[0.47,6.12]	[0.76,4.29]
25	[675.942 3,716.372 9]	[0.325 9,0.369 3]	[0.685 2,0.718 2]	[1.20,6.78]	[0.00,3.69]
26	[686.287 6,729.331 7]	[0.317 3,0.353 6]	[0.669 9,0.709 2]	[1.94,7.73]	[0.00,3.72]

续表

方案编号	系统发电量（$\times 10^8$ kW·h）	出力波动系数	生态效益指数	发电量风险(%)	生态风险(%)
27	[509.192 4,770.151 1]	[0.244 6,0.330 5]	[0.609 9,0.635 3]	[2.31,35.41]	[0.00,2.76]
28	[551.157 9,801.701 4]	[0.154 1,0.215 5]	[0.513 4,0.543 3]	[1.52,32.30]	[0.00,0.23]
29	[680.813 5,721.946 6]	[0.324 6,0.364 1]	[0.680 5,0.715 3]	[1.65,7.25]	[0.00,3.86]
30	[553.161 3,802.339 7]	[0.155,0.216 9]	[0.512 6,0.542 1]	[1.50,32.09]	[0.00,0.26]
31	[652.504 6,689.132 3]	[0.358 4,0.421 4]	[0.711 4,0.744 2]	[0.00,3.49]	[0.00,3.46]
32	[500.292 6,741.239 8]	[0.290 3,0.353 2]	[0.659 1,0.692 7]	[2.30,34.06]	[0.00,2.55]
33	[643.208 2,680.163 8]	[0.366 9,0.441 2]	[0.717 6,0.747]	[0.00,3.76]	[0.00,3.66]
34	[500.025 7,740.432 8]	[0.296 3,0.360 6]	[0.661 6,0.696]	[1.34,33.38]	[0.00,3.85]
35	[651.625 8,689.172 6]	[0.356 1,0.419 4]	[0.710 4,0.745 5]	[0.00,3.81]	[0.00,3.08]
36	[658.825 7,705.813 7]	[0.348 5,0.392 1]	[0.699 1,0.723 3]	[0.00,6.04]	[0.75,4.06]
37	[685.882 9,729.349 1]	[0.317 9,0.354 6]	[0.671 3,0.709 8]	[1.88,7.73]	[0.00,3.60]
38	[647.832 4,681.428 9]	[0.417 6,0.470 5]	[0.718 7,0.739 8]	[0.38,5.30]	[0.73,3.55]
39	[622.141 7,662.359 1]	[0.388 7,0.473]	[0.722 2,0.751 5]	[0.00,4.28]	[1.01,4.86]
40	[692.791 6,736.863 5]	[0.297 6,0.336 5]	[0.662 6,0.696 7]	[1.96,7.82]	[0.00,3.55]
41	[804.255 3,822.000 8]	[0.192 8,0.216]	[0.541 8,0.565 3]	[0.00,1.69]	[0.00,0.75]
42	[667.843 8,712.522 7]	[0.334 6,0.378 3]	[0.690 8,0.720 2]	[0.71,6.94]	[0.00,3.94]
43	[534.165 5,788.733 7]	[0.211 8,0.290 7]	[0.575 8,0.606 9]	[2.08,33.68]	[0.00,1.93]
44	[519.195 6,776.469 7]	[0.232 3,0.315 3]	[0.601 6,0.630 4]	[1.98,34.46]	[0.00,2.94]
45	[666.193 2,709.723 2]	[0.336 3,0.383]	[0.692 4,0.720 6]	[0.00,6.00]	[0.31,4.21]
46	[802.157 2,821.372 9]	[0.194 1,0.217 5]	[0.543 2,0.568 6]	[0.00,1.74]	[0.00,0.90]
47	[649.556,682.618]	[0.415 5,0.469]	[0.717 4,0.739 5]	[0.36,5.18]	[0.77,3.73]
48	[678.458 5,722.280 6]	[0.329 9,0.367 5]	[0.680 6,0.717 1]	[1.00,7.01]	[0.00,4.46]
49	[626.915 7,654.465 6]	[0.402 8,0.479 4]	[0.693,0.754 8]	[0.00,2.76]	[0.93,9.03]
50	[507.798 4,764.559 7]	[0.244 7,0.326 7]	[0.612 2,0.647 9]	[2.39,35.17]	[0.00,3.18]
51	[626.618 9,665.042 6]	[0.386 4,0.468 6]	[0.722 2,0.750 4]	[0.00,4.22]	[0.91,4.64]
52	[500.195 4,740.652 2]	[0.291 6,0.354 7]	[0.659 3,0.693 6]	[2.27,34.00]	[0.00,2.72]
53	[502.134 2,759.418 6]	[0.254 8,0.339 4]	[0.618 2,0.650 9]	[2.43,35.49]	[0.00,3.90]
54	[658.498 8,690.890 1]	[0.405 3,0.450 3]	[0.710 9,0.738 3]	[0.40,5.07]	[0.00,3.17]
55	[657.081 8,689.320 4]	[0.407 7,0.453]	[0.711 3,0.738 4]	[0.38,5.04]	[0.00,3.31]

续表

方案编号	系统发电量（×10^8 kW·h）	出力波动系数	生态效益指数	发电量风险(%)	生态风险(%)
56	[695.509 7,738.531 5]	[0.299 5,0.334 4]	[0.662 5,0.696]	[1.36,7.10]	[0.00,4.14]
57	[688.342,731.540 2]	[0.306 5,0.350 6]	[0.666 2,0.697 1]	[1.84,7.63]	[0.00,4.19]
58	[646.938 2,683.158 9]	[0.362 3,0.427 2]	[0.717,0.746 2]	[0.00,3.67]	[0.00,3.20]
59	[674.877 4,711.224 9]	[0.336 4,0.387 1]	[0.693 4,0.716 3]	[0.96,6.02]	[0.30,3.48]
60	[527.194 7,780.772 1]	[0.221 1,0.300 9]	[0.594 2,0.624 9]	[2.57,34.21]	[0.00,1.57]
61	[500.000 3,741.397 1]	[0.292 2,0.361]	[0.652 9,0.686 8]	[2.41,34.19]	[0.00,3.37]
62	[673.722,710.093 6]	[0.338 5,0.382 3]	[0.693,0.715 8]	[0.85,5.92]	[0.74,3.91]
63	[635.590 1,674.157]	[0.375,0.4578]	[0.717 9,0.7486]	[0.00,4.13]	[0.34,4.44]
64	[629.647 7,666.904 9]	[0.381 2,0.463 6]	[0.722 7,0.750 9]	[0.00,4.21]	[0.65,4.37]
65	[505.501 5,762.413 7]	[0.248 5,0.331 3]	[0.615 9,0.648 7]	[2.39,35.28]	[0.00,3.65]
66	[625.498 3,665.353]	[0.384,0.468 8]	[0.722 5,0.751 2]	[0.00,4.20]	[0.87,4.67]
67	[695.367 6,738.919 1]	[0.293 9,0.332 2]	[0.662,0.694 3]	[1.79,7.58]	[0.00,3.24]
68	[529.410 3,782.936 8]	[0.218 7,0.297 8]	[0.591 1,0.623 6]	[2.44,34.03]	[0.00,1.40]
69	[649.244 2,689.119 8]	[0.365 5,0.432 7]	[0.712 8,0.742 9]	[0.00,4.01]	[0.00,3.21]
70	[500.032 4,744.219 1]	[0.287 5,0.365 8]	[0.651 7,0.685 4]	[2.34,34.38]	[0.00,3.19]
71	[634.916 2,672.984 2]	[0.375,0.457 7]	[0.72,0.750 2]	[0.00,4.05]	[0.16,4.17]
72	[628.953 2,651.015 6]	[0.412 6,0.482 8]	[0.694 8,0.754 4]	[0.00,1.75]	[1.35,9.14]
73	[508.102 9,764.912 5]	[0.244 7,0.326 8]	[0.612 8,0.650 5]	[2.42,35.18]	[0.00,2.71]
74	[687.799 1,724.174 7]	[0.321 6,0.359 9]	[0.679 2,0.708 5]	[1.77,6.70]	[0.00,3.38]
75	[548.744 5,800.737 8]	[0.155 8,0.215 2]	[0.529 1,0.557 4]	[1.53,32.52]	[0.00,0.01]
76	[506.725 8,763.504 6]	[0.246 9,0.329 4]	[0.614 6,0.647 4]	[2.37,35.20]	[0.00,3.63]
77	[533.625 9,790.925 3]	[0.207 9,0.284]	[0.570 1,0.601 4]	[2.05,33.91]	[0.00,1.56]
78	[500.092 6,746.354 1]	[0.283 9,0.364 8]	[0.651 6,0.686]	[2.21,34.48]	[0.00,2.65]
79	[680.982 7,724.591 2]	[0.327,0.363 7]	[0.679 6,0.716 7]	[0.98,6.94]	[0.00,4.46]
80	[543.285 3,799.956 1]	[0.156 4,0.216]	[0.529 9,0.560 8]	[1.25,32.93]	[0.00,0.42]
81	[659.048 6,707.243 5]	[0.345 3,0.389 4]	[0.695 4,0.721 5]	[0.00,6.20]	[0.62,4.22]
82	[500.026 7,744.997 7]	[0.287 8,0.368 8]	[0.651 9,0.684 5]	[2.15,34.32]	[0.00,3.24]
83	[634.751 3,673.341 5]	[0.377 6,0.460 7]	[0.720 8,0.749 1]	[0.00,4.31]	[0.54,4.29]
84	[500.046 3,752.452 5]	[0.274 4,0.358 5]	[0.636 2,0.678 4]	[2.33,35.10]	[0.00,3.33]

续表

方案编号	系统发电量（×10^8 kW·h）	出力波动系数	生态效益指数	发电量风险(%)	生态风险(%)
85	[500.192,755.918 5]	[0.269 2,0.358 3]	[0.630 9,0.672 5]	[2.10,35.22]	[0.00,3.39]
86	[500.000 4,742.420 8]	[0.290 8,0.363 6]	[0.652 3,0.687 1]	[2.37,34.25]	[0.00,3.36]
87	[532.701 6,793.304 6]	[0.176,0.24]	[0.545 7,0.576]	[1.84,34.09]	[0.00,0.00]
88	[500.003 8,752.070 2]	[0.275 8,0.360 6]	[0.639 8,0.683 1]	[2.15,34.94]	[0.00,3.14]
89	[697.000 9,739.748 4]	[0.297,0.331 8]	[0.662 5,0.695 8]	[1.32,7.02]	[0.00,3.98]
90	[500.277 9,745.628 3]	[0.285,0.365 9]	[0.652 6,0.686 6]	[2.32,34.46]	[0.00,2.75]
91	[507.562,764.244 9]	[0.246 6,0.329 1]	[0.616 4,0.649 6]	[2.37,35.16]	[0.00,2.95]
92	[503.893 1,761.043 9]	[0.252 2,0.335 9]	[0.617 9,0.649 1]	[2.39,35.37]	[0.00,3.86]
93	[684.399,727.878 4]	[0.320 2,0.357 1]	[0.671 2,0.71]	[1.89,7.75]	[0.00,3.85]
94	[681.992 6,723.034 8]	[0.322 5,0.362]	[0.679 6,0.714 6]	[1.66,7.24]	[0.00,3.61]
95	[803.792 1,822.689 5]	[0.192,0.213]	[0.538 7,0.566]	[0.00,2.07]	[0.00,0.71]
96	[629.179 4,648.516 5]	[0.418 9,0.488 2]	[0.685 3,0.753 1]	[0.00,1.48]	[1.56,10.42]
97	[680.429 9,724.059 2]	[0.328,0.364 7]	[0.6801,0.716 7]	[0.98,6.95]	[0.00,4.45]
98	[682.681 7,725.920 3]	[0.323 2,0.359 7]	[0.671 5,0.71]	[1.93,7.77]	[0.00,3.99]
99	[500.014 3,758.376]	[0.265 1,0.354]	[0.631 2,0.672 1]	[2.07,35.44]	[0.00,3.08]
100	[645.097 8,682.068]	[0.365 4,0.430 3]	[0.717 3,0.746 3]	[0.00,3.74]	[0.00,3.44]

表 B.2　平水年各备选方案决策属性区间数统计

方案编号	系统发电量（×10^8 kW·h）	出力波动系数	生态效益指数	发电量风险(%)	生态风险(%)
1	[593.512 3,631.811 3]	[0.430 9,0.521 1]	[0.767 1,0.795 9]	[0.00,3.37]	[0.81,4.41]
2	[663.761 2,706.880 7]	[0.144 2,0.182 3]	[0.586 6,0.632 7]	[0.00,5.65]	[0.00,0.00]
3	[574.285,615.603 7]	[0.407 2,0.494 5]	[0.774 4,0.804 4]	[0.00,3.70]	[0.51,4.23]
4	[726.897 3,766.875 2]	[0.199,0.233 9]	[0.522 2,0.565 8]	[0.00,3.82]	[0.00,2.17]
5	[707.019,744.232 1]	[0.161 6,0.192 2]	[0.562 1,0.592 6]	[0.38,5.36]	[0.00,0.00]
6	[713.208 1,749.065 3]	[0.221 9,0.255 9]	[0.633 5,0.672 1]	[0.00,3.24]	[0.00,1.67]
7	[663.489 2,709.638 9]	[0.242 5,0.294 4]	[0.670 6,0.697 6]	[0.00,4.70]	[0.00,0.39]
8	[597.444 6,635.012 6]	[0.426 2,0.517 2]	[0.766 6,0.795 2]	[0.00,3.40]	[0.82,4.39]
9	[647.617 6,689.968 1]	[0.287 5,0.337 8]	[0.709 9,0.736]	[0.00,3.61]	[0.00,1.93]
10	[703.445 8,741.454 8]	[0.162 5,0.193 4]	[0.562 4,0.593 9]	[0.45,5.55]	[0.00,0.00]

续表

方案编号	系统发电量 ($\times 10^8$ kW·h)	出力波动系数	生态效益指数	发电量风险(%)	生态风险(%)
11	[656.196 7,690.439 5]	[0.357 1,0.408 7]	[0.743 6,0.769 4]	[0.00,2.60]	[0.00,3.30]
12	[709.318 5,745.907 7]	[0.224 5,0.258]	[0.639 6,0.675 5]	[0.00,3.26]	[0.00,1.40]
13	[714.882 4,750.859]	[0.219 2,0.253 4]	[0.629 7,0.669 2]	[0.00,3.21]	[0.00,1.69]
14	[576.616 5,618.274 9]	[0.401 5,0.488 1]	[0.773 8,0.802 4]	[0.00,3.72]	[0.54,4.09]
15	[664.765 6,703.165 1]	[0.341 3,0.384 2]	[0.724 7,0.765]	[0.00,3.45]	[0.00,2.67]
16	[677.057 7,717.110 6]	[0.156 3,0.190 2]	[0.586 2,0.629 2]	[0.37,5.94]	[0.00,0.00]
17	[600.789 3,637.735]	[0.418 5,0.509 9]	[0.767 5,0.794 9]	[0.00,3.35]	[0.75,4.17]
18	[678.254 1,717.924 4]	[0.157 1,0.190 4]	[0.586 3,0.628 2]	[0.41,5.91]	[0.00,0.00]
19	[605.739 1,642.329 5]	[0.411 2,0.503 4]	[0.767 1,0.793 8]	[0.00,3.37]	[0.60,3.94]
20	[646.730 2,688.061 8]	[0.287 9,0.340 6]	[0.711 9,0.739 1]	[0.00,3.61]	[0.00,2.13]
21	[701.13,737.125 4]	[0.237 1,0.270 2]	[0.649 7,0.687 4]	[0.00,3.50]	[0.00,2.02]
22	[709.823 9,745.235 9]	[0.231 5,0.268 9]	[0.641 7,0.675]	[0.00,3.31]	[0.00,1.33]
23	[655.378 8,703.409 2]	[0.251 4,0.293 4]	[0.695 6,0.722 1]	[0.00,5.10]	[0.00,0.00]
24	[671.840 3,713.529 6]	[0.149 4,0.185 9]	[0.591 5,0.635]	[0.00,5.69]	[0.00,0.00]
25	[676.066 3,716.479 6]	[0.155,0.189 2]	[0.587 3,0.631 2]	[0.40,6.02]	[0.00,0.00]
26	[651.131,698.611 2]	[0.261,0.304 4]	[0.700 8,0.730 1]	[0.00,5.33]	[0.00,0.00]
27	[617.631 4,652.450 4]	[0.387 7,0.459 3]	[0.758 1,0.788 4]	[0.00,4.24]	[0.00,2.62]
28	[584.5755 ,625.836 4]	[0.387 6,0.470 9]	[0.774,0.802 5]	[0.00,3.62]	[0.00,2.96]
29	[608.812 8,658.517 1]	[0.323 3,0.378 6]	[0.730 1,0.782 4]	[0.03,7.57]	[0.00,1.34]
30	[687.289 1,728.586 2]	[0.150 9,0.176 3]	[0.571,0.607 2]	[0.00,4.97]	[0.00,0.00]
31	[602.574 5,647.882 3]	[0.352 9,0.422]	[0.744 9,0.781]	[0.00,6.86]	[0.00,2.60]
32	[659.494 7,707.618 8]	[0.239 6,0.280 9]	[0.688 3,0.716]	[0.00,5.19]	[0.00,0.00]
33	[678.333 4,717.296 2]	[0.339 7,0.383 7]	[0.693 3,0.730 8]	[0.00,3.52]	[0.00,2.66]
34	[694.195,725.894 2]	[0.289 1,0.326 1]	[0.663 5,0.694 2]	[0.00,3.79]	[0.00,2.38]
35	[602.873 6,645.975 6]	[0.360 1,0.439 1]	[0.742 6,0.779 6]	[0.01,6.68]	[0.00,2.94]
36	[602.333 9,640.863 2]	[0.412 7,0.496 3]	[0.767 5,0.793 2]	[0.00,3.38]	[0.75,3.96]
37	[604.490 9,653.982 3]	[0.332,0.386 9]	[0.738 7,0.784 3]	[0.12,7.67]	[0.00,1.74]
38	[666.717 1,712.724 8]	[0.235 6,0.279 5]	[0.669,0.694 6]	[0.00,4.96]	[0.00,0.00]
39	[660.8453,699.0061]	[0.3497,0.3939]	[0.7317,0.7664]	[0.00,3.42]	[0.00,2.92]

续表

方案编号	系统发电量（$\times10^8$ kW·h）	出力波动系数	生态效益指数	发电量风险(%)	生态风险(%)
40	[692.617 7,733.052 4]	[0.152,0.178]	[0.569,0.604 1]	[0.00,4.83]	[0.00,0.00]
41	[705.163 4,740.904]	[0.235 9,0.270 2]	[0.644 9,0.680 3]	[0.00,3.25]	[0.00,2.40]
42	[575.373 8,617.096 8]	[0.404 1,0.489 8]	[0.772 7,0.801 1]	[0.00,3.74]	[0.81,4.32]
43	[663.432 5,709.773 4]	[0.239 6,0.291 4]	[0.669 6,0.697]	[0.00,4.96]	[0.00,0.44]
44	[610.776 2,657.161 2]	[0.321,0.383 4]	[0.733 1,0.780 9]	[0.23,7.27]	[0.00,1.12]
45	[654.752 7,701.384 5]	[0.256 1,0.298 3]	[0.695 3,0.724 7]	[0.00,5.27]	[0.00,0.00]
46	[656.704 3,704.806 4]	[0.246 9,0.288 1]	[0.694,0.722 5]	[0.00,5.11]	[0.00,0.00]
47	[663.980 5,704.127]	[0.193 1,0.226 1]	[0.632 9,0.668 4]	[0.40,6.08]	[0.00,0.00]
48	[663.213 4,701.502 6]	[0.345,0.388]	[0.726 4,0.764 8]	[0.00,3.48]	[0.00,3.02]
49	[612.287 7,649.882]	[0.407 3,0.480 7]	[0.763 4,0.788 1]	[0.00,3.47]	[0.00,2.71]
50	[658.438 8,706.522 5]	[0.242 9,0.283 9]	[0.690 5,0.718 7]	[0.00,5.00]	[0.00,0.00]
51	[607.722 5,643.863 1]	[0.409 8,0.491 6]	[0.766 8,0.792 9]	[0.00,3.37]	[0.47,3.74]
52	[603.186 5,649.928 8]	[0.348 1,0.409 4]	[0.741 6,0.781]	[0.00,7.04]	[0.00,2.95]
53	[673.882 4,714.785 4]	[0.177 9,0.21]	[0.602 4,0.638 8]	[0.19,5.90]	[0.00,0.00]
54	[664.697 2,704.979 1]	[0.193,0.225 6]	[0.634 1,0.669 5]	[0.39,6.08]	[0.00,0.00]
55	[716.04,753.465 6]	[0.212 2,0.246 2]	[0.623 9,0.659]	[0.00,3.49]	[0.00,1.49]
56	[613.509 2,649.310 6]	[0.409 3,0.491]	[0.765 1,0.791 2]	[0.00,3.42]	[0.00,3.13]
57	[698.813 6,735.263]	[0.24,0.272 6]	[0.655 8,0.690 8]	[0.00,3.54]	[0.00,2.16]
58	[604.618 5,652.101 9]	[0.337 6,0.400 1]	[0.739 5,0.783 7]	[0.08,7.35]	[0.00,2.20]
59	[614.628 5,659.671 4]	[0.351 9,0.413 2]	[0.754 2,0.782 4]	[0.00,3.50]	[0.00,2.55]
60	[716.417 1,754.012 1]	[0.209 8,0.243 8]	[0.622 6,0.658 7]	[0.00,3.58]	[0.00,1.25]
61	[598.929 9,640.010 6]	[0.369 5,0.442 9]	[0.768 6,0.798 1]	[0.00,3.51]	[0.00,1.81]
62	[696.765 8,736.067 5]	[0.162 1,0.192 4]	[0.570 5,0.603 8]	[0.04,5.38]	[0.00,0.00]
63	[654.693 2,701.253 1]	[0.255,0.296 7]	[0.694 8,0.724 1]	[0.00,5.34]	[0.00,0.00]
64	[600.888 3,648.599 8]	[0.346 5,0.409 2]	[0.74,0.7829]	[0.10,7.45]	[0.00,2.39]
65	[610.076 9,654.753 3]	[0.358 6,0.422 6]	[0.755 5,0.784 1]	[0.00,3.41]	[0.00,3.04]
66	[672.912 1,713.572 8]	[0.178 9,0.210 8]	[0.605 3,0.642]	[0.22,5.90]	[0.00,0.00]
67	[595.312 5,632.810 4]	[0.428 9,0.519 7]	[0.766 8,0.795 8]	[0.00,3.37]	[0.81,4.42]
68	[727.382 9,759.367 1]	[0.197,0.234 9]	[0.605 3,0.643 5]	[0.00,2.80]	[0.00,1.09]

续表

方案编号	系统发电量（$\times 10^8$ kW·h）	出力波动系数	生态效益指数	发电量风险（%）	生态风险（%）
69	[601.543 1,640.567 2]	[0.409 4,0.482 4]	[0.768 6,0.794 7]	[0.00,3.36]	[0.48,3.76]
70	[577.919 4,619.727 2]	[0.399 9,0.484 8]	[0.773 7,0.802 1]	[0.00,3.82]	[0.42,3.93]
71	[646.718 8,694.781 1]	[0.27,0.3116]	[0.704 9,0.728 1]	[0.00,4.81]	[0.00,0.56]
72	[583.495 4,622.521]	[0.398 2,0.483 4]	[0.772 6,0.801 1]	[0.00,3.47]	[0.24,3.79]
73	[701.474 9,739.833 1]	[0.163,0.193 5]	[0.562 3,0.594 3]	[0.40,5.56]	[0.00,0.00]
74	[665.853 9,708.635 4]	[0.143 8,0.183 1]	[0.585 9,0.631 2]	[0.00,5.65]	[0.00,0.00]
75	[641.973 9,683.453 9]	[0.295 6,0.352 6]	[0.714 7,0.740 3]	[0.00,3.63]	[0.00,2.11]
76	[676.871 9,715.964 1]	[0.343,0.395 8]	[0.694 1,0.731 4]	[0.00,3.60]	[0.00,2.86]
77	[603.868 4,653.654 7]	[0.330 6,0.385 8]	[0.737 9,0.786]	[0.13,7.73]	[0.00,1.72]
78	[641.107 7,682.647 3]	[0.301 7,0.357]	[0.716 2,0.745 1]	[0.00,3.45]	[0.00,2.06]
79	[644.852 4,686.167 3]	[0.294 2,0.347 9]	[0.713 1,0.740 8]	[0.00,3.53]	[0.00,2.13]
80	[642.926 3,684.382 6]	[0.291 8,0.347 8]	[0.712 6,0.739 8]	[0.00,3.60]	[0.00,2.30]
81	[619.025 5,653.097 2]	[0.388 1,0.460 1]	[0.762 4,0.788 6]	[0.00,3.89]	[0.00,2.23]
82	[727.952 3,759.451 7]	[0.198 3,0.236 7]	[0.606 8,0.643 3]	[0.00,2.83]	[0.00,0.95]
83	[581.687 8,623.271 2]	[0.401 5,0.487 7]	[0.770 7,0.801 5]	[0.00,3.48]	[0.36,4.20]
84	[643.964 7,684.650 6]	[0.324 9,0.384 6]	[0.719 4,0.748 6]	[0.00,3.23]	[0.00,2.00]
85	[668.218 8,709.095 7]	[0.185 5,0.220 3]	[0.612 6,0.650 6]	[0.05,5.81]	[0.00,0.00]
86	[657.378,691.665 7]	[0.354 6,0.406 2]	[0.743 6,0.769 4]	[0.00,2.61]	[0.00,3.26]
87	[664.096 3,710.325 6]	[0.238 9,0.283]	[0.669 1,0.696 2]	[0.00,5.01]	[0.00,0.31]
88	[675.195 9,715.922 4]	[0.154 5,0.189 3]	[0.588,0.632 5]	[0.35,6.02]	[0.00,0.00]
89	[732.166 9,762.32 88]	[0.193 8,0.233 9]	[0.594 4,0.625 1]	[0.00,2.58]	[0.00,0.91]
90	[674.050 7,714.675 3]	[0.179 6,0.211 3]	[0.605 7,0.642]	[0.30,5.97]	[0.00,0.00]
91	[651.185 6,699.083 2]	[0.262 7,0.305 2]	[0.701,0.7276]	[0.00,4.93]	[0.00,0.25]
92	[698.919 9,738.688 3]	[0.165 4,0.199 3]	[0.567 1,0.599 3]	[0.36,5.73]	[0.00,1.58]
93	[664.332 7,702.188 4]	[0.344 6,0.387 3]	[0.726,0.7647]	[0.00,3.44]	[0.00,2.75]
94	[642.894 8,686.050 1]	[0.319 1,0.376]	[0.720 1,0.749 7]	[0.00,3.30]	[0.00,2.37]
95	[728.879,761.236 8]	[0.194 9,0.2361]	[0.596 9,0.627]	[0.00,3.14]	[0.00,0.88]
96	[644.121 9,686.110 2]	[0.295,0.347 5]	[0.715,0.743 5]	[0.00,3.55]	[0.00,1.98]
97	[715.885 4,751.756 9]	[0.218 8,0.253 3]	[0.630 7,0.669 4]	[0.00,3.18]	[0.00,1.32]

续表

方案编号	系统发电量（×10⁸ kW·h）	出力波动系数	生态效益指数	发电量风险(%)	生态风险(%)
98	[610.534 7,656.823 1]	[0.325 5,0.387 2]	[0.739 8,0.784 5]	[0.13,7.17]	[0.00,0.48]
99	[591.447 7,632.984 4]	[0.374 6,0.452 2]	[0.770 5,0.799]	[0.00,3.50]	[0.00,2.69]
100	[675.470 3,716.273]	[0.174 3,0.205 6]	[0.597 8,0.634]	[0.16,5.85]	[0.00,0.00]

表 B.3　枯水年各备选方案决策属性区间数统计

方案编号	系统发电量（$\times10^8$ kW·h）	出力波动系数	生态效益指数	发电量风险(%)	生态风险(%)
1	[604.652 2,642.818 7]	[0.112,0.184 6]	[0.673 6,0.708 7]	[0.00,4.78]	[0.00,0.00]
2	[606.147 7,644.464 3]	[0.114,0.193 6]	[0.673,0.708 9]	[0.00,4.80]	[0.00,0.00]
3	[519.409 6,560.495 2]	[0.358 3,0.423 9]	[0.842 3,0.864 7]	[0.00,5.61]	[0.61,3.18]
4	[591.601 6,627.912 4]	[0.100 9,0.160 6]	[0.674 8,0.710 5]	[0.00,4.95]	[0.00,0.00]
5	[519.392 9,560.471 9]	[0.358 4,0.424]	[0.842 3,0.864 7]	[0.00,5.69]	[0.61,3.18]
6	[545.451 2,589.851 1]	[0.331 2,0.4]	[0.825 8,0.852 8]	[0.00,5.99]	[0.00,2.11]
7	[521.841 7,562.47]	[0.348 4,0.414 5]	[0.841 1,0.865 3]	[0.00,5.72]	[0.53,3.31]
8	[573.505 6,617.821 2]	[0.150 3,0.198 9]	[0.732 4,0.773 5]	[0.00,6.09]	[0.00,1.00]
9	[537.347 8,579.942 5]	[0.287 8,0.343 8]	[0.811 1,0.851 7]	[0.00,7.00]	[0.00,2.04]
10	[588.512 2,626.366 6]	[0.1151,0.1734]	[0.707,0.7409]	[0.00,5.46]	[0.00,0.00]
11	[591.371,629.464 3]	[0.108 5,0.1647]	[0.699 9,0.734]	[0.00,5.37]	[0.00,0.00]
12	[603.728 3,640.673 8]	[0.117 7,0.190 1]	[0.675 5,0.708 7]	[0.00,4.87]	[0.00,0.00]
13	[522.347,562.496 9]	[0.351 1,0.4172]	[0.840 1,0.8643]	[0.00,5.74]	[0.63,3.42]
14	[590.585 4,628.649 7]	[0.110 7,0.167 9]	[0.700 8,0.735 3]	[0.00,5.33]	[0.00,0.00]
15	[526.333 2,568.536 2]	[0.325,0.393]	[0.832 7,0.862 8]	[0.00,6.65]	[0.00,2.60]
16	[533.798 7,572.119 6]	[0.311 6,0.37]	[0.83,0.859 5]	[0.00,5.94]	[0.00,2.43]
17	[545.21,591.360 9]	[0.326 7,0.396 2]	[0.822 8,0.852 1]	[0.00,6.28]	[0.00,2.43]
18	[545.004 3,591.224 8]	[0.327 1,0.396 7]	[0.822 8,0.851 9]	[0.00,6.29]	[0.00,2.44]
19	[602.637 7,640.268 9]	[0.143 8,0.220 9]	[0.658 4,0.694 2]	[0.00,4.75]	[0.00,1.07]
20	[564.346 8,609.058 6]	[0.170 2,0.215 7]	[0.748 4,0.788 3]	[0.00,6.11]	[0.00,1.52]
21	[588.085 5,629.401 6]	[0.119 6,0.180 4]	[0.689 5,0.726 6]	[0.00,5.55]	[0.00,0.00]
22	[579.079 9,620.936 2]	[0.141 1,0.194 2]	[0.720 9,0.758 8]	[0.00,6.11]	[0.00,0.59]
23	[584.257 3,622.588 3]	[0.128 6,0.184 7]	[0.720 3,0.755 8]	[0.00,5.67]	[0.00,0.00]

续表

方案编号	系统发电量（×10^8 kW·h）	出力波动系数	生态效益指数	发电量风险(%)	生态风险(%)
24	[604.752 5,642.723]	[0.114 6,0.187 9]	[0.675 3,0.709 2]	[0.00,4.82]	[0.00,0.00]
25	[593.205 6,633.368 9]	[0.109 2,0.171 9]	[0.680 5,0.716 3]	[0.00,5.52]	[0.00,0.00]
26	[574.265 8,618.632 4]	[0.149 2,0.197 7]	[0.731 4,0.773 2]	[0.00,6.15]	[0.00,0.64]
27	[599.852 1,638.104 5]	[0.142 6,0.211 2]	[0.656 8,0.689]	[0.00,4.86]	[0.00,2.06]
28	[597.292,634.171 8]	[0.111 8,0.178]	[0.672 2,0.708 1]	[0.00,5.01]	[0.00,0.00]
29	[527.298 2,570.147 1]	[0.320 9,0.377 9]	[0.825 8,0.860 2]	[0.00,6.87]	[0.00,2.97]
30	[590.542 5,631.160 3]	[0.111 2,0.171 5]	[0.686,0.721 6]	[0.00,5.59]	[0.00,0.00]
31	[586.732 8,624.668]	[0.117 2,0.175]	[0.709 9,0.743 7]	[0.00,5.54]	[0.00,0.00]
32	[523.788 9,564.153 6]	[0.341 5,0.407 2]	[0.841,0.866 4]	[0.00,5.86]	[0.17,3.10]
33	[523.194 2,567.411 4]	[0.326 8,0.394 8]	[0.831 9,0.863 1]	[0.00,6.98]	[0.00,2.92]
34	[581.858 6,622.685]	[0.131 6,0.184 8]	[0.720 3,0.754 8]	[0.00,5.87]	[0.00,0.00]
35	[565.360 8,610.205]	[0.255 8,0.316 7]	[0.793 2,0.826 4]	[0.00,6.27]	[0.00,1.11]
36	[534.946 8,573.788 2]	[0.306 4,0.363 7]	[0.828 2,0.859 6]	[0.00,5.97]	[0.00,2.61]
37	[559.062 6,603.131 8]	[0.287,0.351 9]	[0.810 9,0.839 4]	[0.00,6.20]	[0.00,1.74]
38	[575.505 1,619.775 4]	[0.143,0.192 7]	[0.721 5,0.761 5]	[0.00,6.07]	[0.00,0.83]
39	[565.633 4,610.602 7]	[0.256 5,0.316 7]	[0.794 3,0.828 4]	[0.00,6.23]	[0.00,1.18]
40	[551.494 3,594.348 9]	[0.221 4,0.281 5]	[0.773 1,0.811 6]	[0.00,6.58]	[0.00,1.00]
41	[604.894 3,643.089]	[0.112 7,0.1852]	[0.674,0.709]	[0.00,4.77]	[0.00,0.00]
42	[524.340 3,564.662 4]	[0.340 4,0.406]	[0.840 7,0.866 6]	[0.00,5.84]	[0.06,3.04]
43	[600.506 2,638.341 7]	[0.154 4,0.232 6]	[0.661 1,0.696 8]	[0.00,4.73]	[0.00,1.82]
44	[525.186 3,567.066 3]	[0.329 4,0.397 2]	[0.832 6,0.862 3]	[0.00,6.55]	[0.00,3.02]
45	[601.912 2,639.672 1]	[0.141 7,0.218 1]	[0.681,0.714 7]	[0.00,4.78]	[0.00,0.00]
46	[522.948 8,563.602 4]	[0.347 4,0.413 7]	[0.839 6,0.864 2]	[0.00,5.78]	[0.59,3.42]
47	[564.921 4,608.191 4]	[0.176 9,0.225 1]	[0.754 3,0.784 3]	[0.00,5.76]	[0.00,1.20]
48	[571.609 6,616.208]	[0.160 8,0.212 6]	[0.736 1,0.776 9]	[0.00,6.29]	[0.00,1.01]
49	[573.49,617.766 4]	[0.153 4,0.202 3]	[0.735 4,0.776 6]	[0.00,6.16]	[0.00,0.84]
50	[537.306 1,577.197 4]	[0.290 6,0.340 8]	[0.819 6,0.855 2]	[0.00,6.29]	[0.00,2.35]
51	[560.353 4,604.797 2]	[0.279 1,0.343 3]	[0.809 2,0.836 6]	[0.00,6.21]	[0.00,1.45]
52	[577.028 6,621.289 9]	[0.144 9,0.195 6]	[0.728 2,0.769 9]	[0.00,6.10]	[0.00,0.57]

续表

方案编号	系统发电量（×10⁸ kW·h）	出力波动系数	生态效益指数	发电量风险(%)	生态风险(%)
53	[534.015 9,572.728 2]	[0.312 7,0.370 4]	[0.828 1,0.858 7]	[0.00,5.98]	[0.00,2.68]
54	[525.624 8,568.267 2]	[0.3247,0.393]	[0.832 3,0.862 7]	[0.00,6.72]	[0.00,2.56]
55	[523.295 9,563.920 6]	[0.344 1,0.410 6]	[0.842 1,0.865 1]	[0.00,5.88]	[0.34,2.99]
56	[534.337 6,577.851 2]	[0.295 6,0.351 2]	[0.816 6,0.855 2]	[0.00,7.06]	[0.00,2.06]
57	[548.452 6,594.284]	[0.317 5,0.385 8]	[0.821 3,0.851 9]	[0.00,6.27]	[0.00,2.36]
58	[594.671 2,632.441 3]	[0.104 8,0.167 4]	[0.680 4,0.716 4]	[0.00,5.10]	[0.00,0.00]
59	[577.640 1,621.801 3]	[0.137 1,0.187 6]	[0.72,0.758 2]	[0.00,6.06]	[0.00,0.38]
60	[578.338 9,620.297 2]	[0.142,0.196 2]	[0.723 3,0.760 2]	[0.00,6.15]	[0.00,0.47]
61	[586.981 2,625.247 4]	[0.124,0.180 7]	[0.717,0.750 8]	[0.00,5.62]	[0.00,0.00]
62	[598.257 5,637.206 7]	[0.159 8,0.240 3]	[0.693 1,0.724]	[0.00,4.79]	[0.00,0.00]
63	[522.580 1,563.198 1]	[0.347 1,0.413 5]	[0.841 9,0.865 2]	[0.00,5.78]	[0.48,3.15]
64	[566.321 9,610.954 7]	[0.171 1,0.224 4]	[0.744 1,0.784]	[0.00,6.51]	[0.00,1.09]
65	[562.518 7,607.537 5]	[0.270 4,0.331 8]	[0.805 5,0.837 6]	[0.00,6.30]	[0.00,1.26]
66	[575.904 3,620.179 9]	[0.147,0.197 1]	[0.729 5,0.772]	[0.00,6.10]	[0.00,0.78]
67	[586.591,624.376 3]	[0.117 9,0.175 9]	[0.709 6,0.744]	[0.00,5.40]	[0.00,0.00]
68	[602.454 9,640.012 3]	[0.143 3,0.220 4]	[0.658 8,0.694 5]	[0.00,4.75]	[0.00,0.94]
69	[562.447 2,604.688 2]	[0.185 4,0.230 2]	[0.758 6,0.789 6]	[0.00,5.72]	[0.00,1.20]
70	[531.878 9,569.420 1]	[0.318 6,0.378 6]	[0.831 8,0.859 1]	[0.00,5.91]	[0.00,2.54]
71	[547.071 9,591.162 6]	[0.24,0.300 8]	[0.777 8,0.814 5]	[0.00,6.73]	[0.00,1.57]
72	[537.028 7,577.045 1]	[0.291 3,0.341 4]	[0.819 9,0.855 2]	[0.00,6.30]	[0.00,2.36]
73	[552.100 7,594.899 2]	[0.219 3,0.279 2]	[0.769 5,0.810 2]	[0.00,6.67]	[0.00,0.91]
74	[577.618 1,620.688 9]	[0.143,0.194 9]	[0.723 9,0.760 1]	[0.00,6.17]	[0.00,0.63]
75	[600.694,638.683 7]	[0.139 7,0.215 4]	[0.687 6,0.722 3]	[0.00,4.80]	[0.00,0.00]
76	[548.322 1,592.377]	[0.236 1,0.296 7]	[0.776 1,0.814 4]	[0.00,6.73]	[0.00,1.65]
77	[591.025 4,629.088 1]	[0.110 3,0.167 5]	[0.701 5,0.734 9]	[0.00,5.33]	[0.00,0.00]
78	[552.407 6,595.016 4]	[0.219 7,0.279 9]	[0.771 2,0.810 9]	[0.00,6.60]	[0.00,0.96]
79	[600.922 8,638.632 4]	[0.139 2,0.215 4]	[0.685 7,0.720 6]	[0.00,4.83]	[0.00,0.00]
80	[528.218 2,569.148 7]	[0.325 7,0.383 2]	[0.836 4,0.866 1]	[0.00,6.14]	[0.00,2.35]
81	[594.688 7,632.497 3]	[0.105 8,0.168 4]	[0.681 3,0.717 4]	[0.00,5.14]	[0.00,0.00]

续表

方案编号	系统发电量($\times10^8$ kW·h)	出力波动系数	生态效益指数	发电量风险(%)	生态风险(%)
82	[522.242 1,562.845 1]	[0.350 1,0.416 4]	[0.839 5,0.864 1]	[0.00,5.75]	[0.66,3.50]
83	[548.861 9,592.971]	[0.235 9,0.297 2]	[0.772,0.8109]	[0.00,6.62]	[0.00,1.70]
84	[536.376 3,577.919 3]	[0.288 3,0.338 6]	[0.817 5,0.854 5]	[0.00,6.60]	[0.00,2.24]
85	[588.524 7,629.543 6]	[0.117 8,0.178 6]	[0.688,0.7247]	[0.00,5.55]	[0.00,0.00]
86	[526.113 6,566.523 7]	[0.335 1,0.400 2]	[0.841 3,0.866 5]	[0.00,5.91]	[0.00,2.66]
87	[560.044,604.048 5]	[0.281 4,0.345 9]	[0.811 2,0.838]	[0.00,6.17]	[0.00,1.47]
88	[567.703 6,613.021 8]	[0.248 2,0.309 1]	[0.792 2,0.829 4]	[0.00,6.22]	[0.00,0.43]
89	[562.965 7,607.943]	[0.269 4,0.330 6]	[0.804,0.835 7]	[0.00,6.27]	[0.00,1.25]
90	[546.244 8,592.239]	[0.324 4,0.393 9]	[0.822 7,0.852 2]	[0.00,6.30]	[0.00,2.43]
91	[550.232 8,594.259 5]	[0.231 5,0.293 1]	[0.773 9,0.812 6]	[0.00,6.66]	[0.00,1.36]
92	[557.714 2,601.718 9]	[0.289 3,0.353 2]	[0.812 6,0.8405]	[0.00,6.20]	[0.00,1.77]
93	[525.258 3,567.028 2]	[0.33,0.397 8]	[0.833 2,0.862 3]	[0.00,6.54]	[0.00,2.91]
94	[561.971 5,606.940 3]	[0.273,0.334 1]	[0.805 1,0.836 3]	[0.00,6.30]	[0.00,1.37]
95	[568.078 7,612.927 3]	[0.25,0.310 2]	[0.791 7,0.829]	[0.00,6.22]	[0.00,0.73]
96	[536.6319,576.4678]	[0.2933,0.3434]	[0.8209,0.8551]	[0.00,6.26]	[0.00,2.29]
97	[565.954 6,611.091]	[0.260 9,0.323]	[0.804,0.834 5]	[0.00,6.26]	[0.00,0.26]
98	[551.323 3,594.417 4]	[0.231 7,0.294 2]	[0.770 9,0.810 9]	[0.00,6.67]	[0.00,1.17]
99	[535.098 7,574.584 8]	[0.301 9,0.353 7]	[0.823 9,0.857 2]	[0.00,6.14]	[0.00,2.63]
100	[524.506 2,566.244 9]	[0.333 1,0.400 7]	[0.834 7,0.862 2]	[0.00,6.51]	[0.00,2.86]